U0345674

国家级实验教学示范中心系列规划教材
普通高等院校机械类"十一五"规划实验教材
编 委 会

国家级实验教学示范中心系列规划教材

普通高等院校机械类"十一五"规划实验教材

机械原理与机械设计实验教程

JIXIE YUANLI YU JIXIE SHEJI SHIYAN JIAOCHENG

主　编　李小周

副主编　谢柄光

主　审　蒙艳玫

华中科技大学出版社

http://www.hustp.com

中国·武汉

内 容 提 要

本书是在总结多年来的实验教学经验的基础上,并基于国家级实验教学示范中心——广西大学机械工程实验教学中心的实验教学体系构架而编写的,系该中心教材建设中的系列教材之一。

本书主要内容包括机械原理课程实验、机械设计课程实验、机械设计基础课程实验和机械创新设计课程实验,主要有机构结构分析和机构设计实验、机构运动分析和机构设计实验、机械的力分析实验、机械传动性能参数测试及创意实验、液体动力润滑滑动轴承实验、机械设计结构与分析实验、轴系结构设计实验及实验报告等。本书既适用于实验教学与理论教学同步进行的教学,也适用于实验课程单独开设的教学。

本书既可作为高等工科院校机械类、近机类及其他专业机械设计、机械设计基础及机械基础课程的实验教材,也可作为相关人员进行教学、科研及实验工作的参考书。

图书在版编目(CIP)数据

机械原理与机械设计实验教程/李小周　主编.—武汉:华中科技大学出版社,2012.11
ISBN 978-7-5609-8234-2

Ⅰ.机… Ⅱ.李… Ⅲ.①机构学-实验-高等学校-教材　②机械设计-实验-高等学校-教材
Ⅳ.①TH111-33　②TH122-33

中国版本图书馆 CIP 数据核字(2012)第 168095 号

机械原理与机械设计实验教程　　　　　　　　　　　李小周　主编

策划编辑:万亚军
封面设计:潘　群
责任编辑:万亚军
责任校对:代晓莺
责任监印:张正林
出版发行:华中科技大学出版社(中国·武汉)
　　　　　武昌喻家山　邮编:430074　电话:(027)81321915
录　排:武汉楚海文化传播有限公司
印　刷:华中科技大学印刷厂
开　本:787mm×1092mm　1/16
印　张:10.75　插页:2
字　数:275 千字
印　次:2012 年 11 月第 1 版第 1 次印刷
定　价:19.80 元

序

知识来源于实践,能力来自于实践,素质更需要在实践中养成,各种实践教学环节对于培养学生的实践能力和创新能力尤其重要。一个不争的事实是,在高校人才培养工作中,当前的实践教学环节非常薄弱,严重制约了教学质量的进一步提高。这引起了教育工作者、企业界人士乃至普通百姓的广泛关注。如何积极改革实践教学内容和方法,制订合理的实践教学方案,建立和完善实践教学体系,成为高等工程教育乃至全社会的一个重要课题。

有鉴于此,"教育振兴行动计划"和"质量工程"都将国家级实验教学示范中心建设作为其重要内容之一。自 2005 年起,教育部启动国家级实验教学示范中心评选工作,拟通过示范中心实验教学的改进,辐射我国 2000 多万在校大学生,带动学生动手实践能力的提高。至今已建成 219 个国家级实验教学示范中心,涵盖 16 个学科,成果显著。机械学科至今也已建成 14 个国家级实验教学示范中心。应该说,机械类国家级实验教学示范中心建设是颇具成果的:各中心积极进行自身建设,软硬件水平都是国内机械实验教学的最高水平;积极带动所在省或区域各级机械实验教学中心建设,发挥辐射作用;成立国家级实验教学示范中心联席会机械学科组,利用这一平台,中心间交流与合作更加频繁,力争在示范辐射作用方面形成合力。

尽管如此,应该看到,作为实践教学的一个重要组成部分,实验教学依然还很薄弱,在政策、环境、人员、设备等方方面面还面临着许多困难,提高实验教学水平进而改变目前实践教学薄弱的现状,还有很多工作要做,国家级实验教学示范中心责无旁贷。近年来,高校实验教学的硬件设备都有较大的改善。与之相对应的是,实验教学在软的方面还亟待提高。就机械类实验教学而言,改进实验教学体系、开发创新性实验教学项目、加大实验教材建设这三点就成为当务之急。实验教学体系与理论教学体系相辅相成，但与理论教学体系随着形势发展不断调整相比，现有机械实验教学体系还相对滞后，实验项目还缺少设计性、创新性和综合性实验，实验教材也比较匮乏。

华中科技大学出版社在国家级实验教学示范中心联席会机械学科组的指导下，邀请机械类国家级实验教学示范中心，交流各中心实验教学改革经验和教材建设计划，确定编写这套《普通高等院校机械类"十一五"规划实验教材》，是一件非常有意义的事情，顺应了机械类实验教学形势的发展，可谓正当其时。其意义不仅在实验教材的编写出版满足了本校实验教学的需要。更因为经过多年的积累，各机械类国家级实验教学示范中心已开发出不少创新性实验教学项目，将其写入教材，既满足本校实验教学的需要，又展示了各中心创新性实验教学项目开发成果，更为我国机械类实验教学开发提供借鉴和参考，体现了示范中心的辐射作用。

国内目前机械类实验教学体系尚未形成统一的模式，基于目前情况，"普通高等院校机械类'十一五'实验规划教材"提出以下出版思路：各国家级实验教学示范中心依据自身的实验教学体系，编写本中心的实验系列教材，构成一个子系列，各子系列教材再汇聚成《普通高等院校机械类"十一五"规划实验教材》丛书。以体现百花齐放，全面、集中地反映各机械类国家级实验教学示范中心的实验教学体系。此举对于国内机械类实验教学体系的形成，无疑将是非常有益的探索。

感谢参与和支持这批实验教材建设的专家们，也感谢出版这批实验教材的华中科技大学出版社的有关同志。我深信，这批实验教材必将在我国机械类实验教学发展中发挥巨大的作用，并占据其应有的地位。

国家级实验教学示范中心联席会机械学科组组长
《普通高等院校机械类"十一五"规划实验教材》丛书主编

2008 年 9 月

前　言

实验是科学技术创新的重要手段,在现代科学技术活动中运用实验手段具有非常重要的意义。实验是根据一定的目的(或要求),运用必要的物质手段(如实验仪器、设备等)和方法,在人为控制的条件下,在典型环境中或特定条件下,为检验某种科学理论或假设而进行的一种探索活动。在技术发明中,许多新设想、新方法,只有经过实验(试验)的检验,才能得到完善和认可。

高等院校绝大多数的科研成果和高新技术产品都是通过不断实验而研究成功的。在高等院校的教学过程中,实验教学是必不可少的一个教学环节。培养学生掌握科学实验的基本方法和技能是实验教学的基本目标,而且对于培养具有创新精神与实践能力的高级专门人才也具有十分重要的意义。

机械原理实验与机械设计实验是高等工科院校机械基础实验的核心内容之一,它对于培养学生的工程实践能力、科学实践能力、创新设计能力及动手能力起着主要的作用。本书是广西大学机械工程实验教学中心组织出版的系列实验教材之一,可作为普通高等院校机械类、近机类及其他专业机械设计、机械设计基础及机械原理等课程的实验教材。

本书由李小周主编,由谢柄光任副主编,参与本书编写的还有王湘、李丽,另外龙有亮老师对本书的编写提出了很多宝贵的意见,蒙艳玫教授主审了本书,在此表示衷心的感谢。

在本书的编写过程中,编者参阅了以往其他版本的同类教材、资料及文献,并得到了同行多位专家的支持和帮助,在此衷心致谢。

由于编者水平有限,书中缺点和错误在所难免,敬请广大师生提出宝贵意见,以求改进。

编　者

2011 年 10 月

目　　录

机构结构分析和机构设计实验

实验一　机构的认知

机器是由各种机构组成的。一部机器可能由多种机构组成,如内燃机是由曲柄滑块机构、齿轮机构、凸轮机构等组合而成的。机器的运动形式多种多样,但都是由一些常用的基本机构通过各种组合形式来协调实现的。

一、实验目的

通过参观机构陈列柜,了解机械原理课程的教学内容,加深对各类常见机构基本类型和用途的理解。

(1)了解常用基本机构的结构特点、分类和应用。

(2)了解机构的组成和运动传递情况。

(3)初步了解机器的组成原理,加深对机器的总体感性认识。

二、实验内容

通过观看机构陈列柜的演示,对理论教学中机构的组成、平面连杆机构的类型及应用、齿轮机构、凸轮机构、轮系、间歇运动机构等知识加以印证;通过了解实物的运动,进一步加深对常用机构原理的理解。

三、实验仪器

机构陈列柜(主要用来展示机构的组成、平面连杆机构、齿轮机构、凸轮机构、轮系、间歇运动机构等)。

四、仪器说明

机构原理柜的语音控制功能通过由微处理器控制的新型大容量语音芯片实现,设有遥控和手控两种操作方式。在这两种操作方式中,既可选择按模型电动机编号从头到尾自动播放,也可点播柜内某一模型。在语音播放中,可实现有声和静音转换。

1.手动操作面板

整套陈列柜每台柜的前端配有手动操作面板,面板按键的布局如图1-1所示。

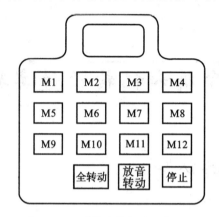

图1-1　手动操作面板按键布局图

(1)手动操作面板共有15个按键,其中:面板上部有12个数字键M1~M12,代表该柜运转的模型电动机编号;面板下部有3个功能键:"全转动"、"放音转动"、"停止"。

(2)操作面板最上方的两位数码显示管显示该柜的运转模型电动机的工作状态。显示的内容及表示的意义如下:

"－－"表示该柜处于停止状态;

"H2"表示在手动操作方式下该柜全部模型电动机转动但无播音;

"××."(×为0~9)表示手动操作方式下的点播状态;

"C0"表示按下了遥控器上的功能键(11号键),等待选择柜号;

"C1"表示在遥控方式下所有模型电动机转动但无播音,按下遥控器上的功能键(11号键),等待选择柜号;

"C2"表示在遥控方式下该柜全部模型电动机转动但无播音;

"×.×"(×为0~9)表示遥控操作方式下点播某模型并播音。

2.遥控器

整套陈列柜配置一个遥控器(内配1.2V干电池一节),可对整套陈列柜实现遥控操作。遥控器面板布置如图1-2所示。1~10号键为数字键(其中"10"代表"0"),11号键为功能键,12号键为停止键。如按下了功能键(11号键),显示"C0",此时,"1~10"为被选中的柜号,再按1~12选择柜中的模型号(此套柜中每柜最多只有12个模型)。

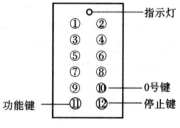

图1-2　遥控器面板布置图

3.机构陈列柜操作方法

1)手动操作

(1)本柜所有模型电动机转动,即不播音转动:按下"全转动"键,所有模型电动机开始转动,显示"H2";按下"停止"键,停止转动,显示"－－"。

(2)本柜内某一模型播音转动(点播):按下某柜中某模型编号的数字键(M1~M12),开始播音转动,并显示被选中的模型电动机编号"××.";如不需要播音,只要重复按一次刚才按的数字键即可实现有声/无声、无声/有声的转换;按下"停止"键,停止当前操作,显示"－－"。（如果按下的数字键号大于该柜的实际模型编号,则此操作无效）

（3）本柜按模型编号顺序从头到尾自动运行,实现同步转动播音（顺播）:按下"放音转动"键,显示"01",从第一个模型开始转动播音,本模型运行完,自动转入下一个模型,显示当前模型编号"××"（如果只需要模型电动机转动,不需要播音,只要重复按一次"放音转动"键即可实现有声/无声、无声/有声的转换）;按下"停止"键,停止当前操作,显示"－－"。

2）遥控操作

（1）某柜顺序播放:当显示"－－"时,按下遥控器的 10 号键（代表 0）,再按下选择柜号,即可使被选中的柜顺序播放。

（2）某柜所有模型电动机转动,即不播音转动:按下遥控器的 11 号键,显示"C0",再按一次 11 号键,显示"C1",然后按下 10 号键再按柜号数,显示"C2",选中的陈列柜中所有模型电动机开始转动;按下 12 号键中止当前运行,显示"－－"。

（3）选择某柜的某模型播音转动（遥控模型点播）:按下 11 号键,显示"C0",按下 1～10 号键选择柜号,再按 1～12 号键选择被选中柜号内的模型号,显示"×.×",选中的模型开始转动播音;按下 12 号键,中止当前操作。（如果按下的数字键号大于该柜的实际模型编号,则此操作无效）

4.注意事项

（1）除"停止"键外,手动操作和遥控器操作有相互制约的关系:遥控器工作时,手动操作无效;手动操作时,遥控器无效。

（2）遥控器键按下松开为 1 次操作。

五、实验步骤

（1）观察陈列柜中的各种机构,认真聆听同步讲解,了解常用基本机构的类型、组成及特点。

（2）观察典型机器模型的组成和结构特点。

（3）实验结束时,将实验所用的所有工具、仪器及设备整齐归位。

注意:本实验以观察和思考为主,不要动手拨动陈列柜中的机构。

▋实验二　机构运动简图测绘▋

一、实验目的

（1）掌握平面机构运动简图测绘及其运动尺寸标注的基本方法。

（2）掌握平面机构自由度的计算和机构运动是否确定的判别方法。

（3）巩固和扩展对机构的运动及其工作原理的分析能力。

二、实验原理

由于机构的运动和组成与机构的运动类型和数目,以及运动副相对位置的尺寸有关,而与机构的结构形状无关,因此可撇开与运动分析无关的构件的具体形状和运动副的具体构造,运用简单线条或图形轮廓表示构件,用规定的符号表示运动副的种类,按一定比例尺寸关系确定运动副的相对位置,以此表达各构件间相对运动关系的简单图形,即机构运动简图。常用机构运动副简图符号如表 1-1 所示。

表 1-1　部分常用机构运动副简图符号(GB 4460—1984)

名　称	符　号	名　称	符　号
轴、杆、连杆等构件		链传动	
轴、杆的固定支座(机架)			
一个构件上有两个转动副			
一个构件上有三个转动副		外啮合圆柱齿轮传动	
两个运动构件用转动副相连			
一个运动构件一个固定构件用转动副相连		内啮合圆柱齿轮传动	
两个运动构件用移动副相连			
一个运动构件一个固定构件用移动副相连		齿轮齿条传动	
棘轮机构		在支架上的电动机	

三、实验内容

绘制牛头刨床、锯床等机器以及机构模型的机构简图,并计算机构自由度,验证机构具有确定运动的条件。

四、实验步骤

(1)首先使被测的机构或模型缓慢运动,并从起始构件开始仔细观察机构各部分间的相对运动,从而分清:①机构的构件数目(注意区分构件与零件);②运动副的数目,并根据直接接触的两构件的连接方式和相对运动性质确定各运动副的类型;③对于机器,还应分清由几种机构组成,观察时应仔细;在计算机构数目和运动副数目时,要特别注意复合铰链、虚约束、局部自由度。

(2)了解清楚机构的组成后,就可以从起始件开始按照运动的传递顺序,用简单的代表符号和线条徒手画出机构简图的草图,用 1、2、3……分别标注各构件,用字母 A、B、C……分别标注各运动副。

(3)计算机构的自由度,平面机构自由度的计算公式为

$$F = 3n - 2P_{\mathrm{L}} - P_{\mathrm{H}} \tag{1-1}$$

式中:n 为活动构件数;P_{L} 为低副个数;P_{H} 为高副个数。

计算机构自由度时应注意以下几点。

(1)当 $m(m > 2)$ 个以上的构件在同一处以转动副相连接构成复合铰链时,共有 $(m-1)$ 个转动副。

(2)如果某构件所产生的局部运动不影响其他构件的运动,则这种局部运动的自由度称为局部自由度。在计算机构自由度时,应将局部自由度除去,不计产生局部运动的构件。

(3)有些构件所产生的运动副带入的约束对机构运动只起重复约束作用,称这种约束为虚约束。在计算机构自由度时,应去除虚约束,即将形成虚约束的构件和运动副去除。

(4)仔细测量和机构运动有关的尺寸,如回转副中心之间的距离、转动副中心与移动副中心线间的垂直距离等。

(5)任意假定原动构件的一个瞬时位置,选定合适的长度比例尺,按比例将草图画成正规的机构运动简图。

$$比例尺 = \frac{构件实际长度(\mathrm{m})}{简图所画长度(\mathrm{mm})} \tag{1-2}$$

五、思考题

(1)机构运动简图在工程上有何用处?

(2)正确的机构运动简图应符合什么条件? 画机构运动简图时应注意哪些问题?

(3)计算机构自由度对测绘机构运动简图有何帮助?

(4)画机构运动简图时为什么可以撇开构件的结构形状,而用构件两回转副中心的连线表示构件?

第2章 机构运动分析和机构设计实验

实验一 机构动平衡与运动参数测定

人类对客观世界的认识和改造活动总是以测试工作为基础的。工程测试技术就是利用现代测试手段对工程中的各种物理信号,特别是随时间变化的动态物理信号进行检测、实验、分析,并从中提取有用的信号,其测量和分析的结果客观地描述了研究对象的状态、变化和特征,并为进一步改造和控制研究对象提供了可靠的依据。

如何评价一台机器或机构的好坏? 一般情况下,从其运动特性和其动力特性两个方面给予衡量,而其量值则是机构的实际运动参数。如何获取机构运动参数就是本实验要解决的问题。

一、实验目的

(1)了解机构运动参数测试所需的基本硬件的组成。
(2)掌握测试机构运动参数的一般工作程序。
(3)了解几种传感器的工作原理。
(4)了解用于信号采集和分析的专业软件。
(5)通过机座振动加速度的测试了解机构惯性力对机座振动的影响。

二、实验原理

机构的运动参数,包括位移(角位移)、速度(角速度)、加速度等,都是分析机构运动学及动力学特性必不可少的参数,通过用实测得到的这些参数可以验证理论设计是否正确或合理,也可以检测机构的实际运动情况。

任何物理量的测量装置往往由许多功能不同的器件所组成。典型的测量装置如图 2-1 所示。

在测量技术中,首先通过传感器将机构运动参数(非电量)变换成便于检测、传输或计算处理的电参量(如电阻、电荷、电势等)送进中间变换器,中间变换器把这些电参量进一步变换成易于测量(或显示)的电流或电压等电信号,使其成为一些满足需要又便于记录和显示的信号,

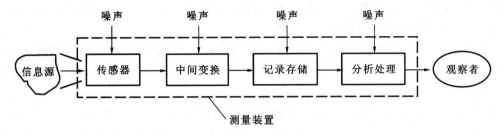

图 2-1 测量装置图

最后被计算机记录、分析、显示出来,供测量者使用。

(一)机构运动参数的测试方法

1. 曲柄摇杆机构实验台中摇杆角位移的测试

(1)参看图 2-2 所示摇杆角位移测试系统硬件连接示意图,进行测试系统的连接。(提示:实验室已将角位移传感器与摇杆轴固连好,未经指导教师许可,学生不得擅自拆卸。)具体操作

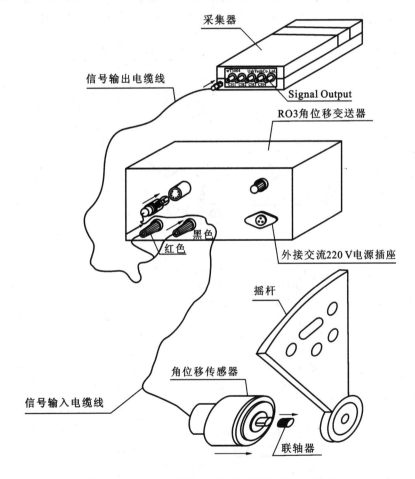

图 2-2 摇杆角位移信号测试系统硬件连接示意图

如下。①将角位移变送器的输出信号插头旋入采集器的 CH1 通道。注意角位移传感器的 7 针插头与角位移变送器插座连接的方向性。(提示:连接与断开传感器信号线前,务必切断外接电源方可进行下一步的操作;将信号插头插入信号座时,将信号插头的缺口方向对准信号座

上的小销柱后轻轻插入、右旋；退出时，先左旋，再轻轻拔出信号插头。）②测试系统连接完毕、检查无错后，打开角位移变送器的电源开关。

（2）启动 uTek 应用程序"机械故障诊断教学与实验"下的"曲柄摇杆机构摇杆角位移的测定"的实验项目，进入主菜单窗口后，从左至右逐一打开菜单条，进行相应的实验工作（建议将采样频率设为 1280 Hz）。

在实验中，注意以下几点。①在采集数据之前，即在启动机构运动之前，必须将机构安全罩卡死在桌面上的固定螺栓内，同时检查有无可能由机构运动而导致的人身和设备安全问题（如实验者人身是否安全，电线、信号线是否连接好等）。排除安全隐患后方可启动运动机构进行数据采集。②为了安全起见，应在采集信号数据前接通机构的电源；信号数据采集完毕，立即断开机构的电源，进行下面的实验工作。

（3）根据得到的摇杆角位移数据曲线图，分析摇杆相对时间的运动情况。

2.曲柄摇杆机构实验台中曲柄转速的测试

（1）参见图 2-3 所示曲柄转速信号测试系统硬件连接示意图，进行测试系统的连接。（提示：实验室已将旋转编码器与曲柄轴固连好，未经指导教师许可，学生不得擅自拆卸；连接与断

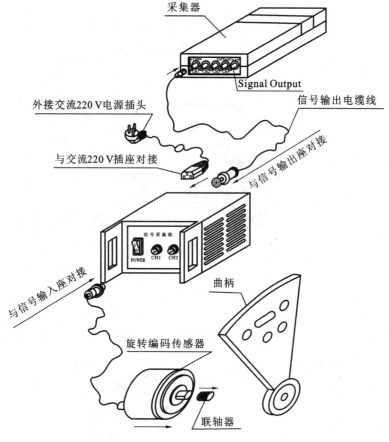

图 2-3　曲柄转速信号测试系统硬件连接示意图

开传感器信号线之前，务必切断外接电源方可进行下一步的操作。）具体操作如下。①将旋转编码器引出线中的 4 孔插头与直流电源及信号控制箱前面板上的输入 CH1 或 CH2 座对接，用连有一小信号头和一大信号头的信号线将 AD 卡与直流电源及信号控制箱后面板上的信号

输出 CH1 或 CH2 座相连。(提示:将信号插头插入信号座时,将信号插头的缺口方向对准信号座上的小销柱后轻轻插入、右旋;退出时,先左旋,再轻轻拨出信号头。)②测试系统连接完毕后,按下直流电源及信号控制箱的电源开关按钮(POWER)。

(2)启动 uTek 应用程序"机械故障诊断教学与实验"下的"曲柄机构曲柄转速的测定"的实验项目,进入主菜单窗口后,从左至右逐一打开菜单条,进行相应的实验工作(建议将采样频率设为 12 800 Hz)。在实验中,应注意以下几点。①在采集数据之前,即在启动机构运动之前,必须将机构安全罩卡死在桌面上的固定螺栓内,同时检查有无可能由机构运动而导致的人身安全问题(如实验者人身是否安全,电线、信号线是否连接好等)。排除安全隐患后方可启动运动机构进行数据采集。②为了安全起见,应在采集信号数据前接通机构的电源;信号数据采集完毕,立即断开机构的电源,进行下面的实验工作。

(3)根据得到的脉冲信号图,确定一个周期脉冲所需的时间 T'(ms),计算曲柄的转速 n(r/min)。(提示:频率 f(Hz)与周期 T(s)的关系为 $f = \dfrac{1}{T}$,角速度 ω(rad/s)与转速 n(r/min)的关系为 $\omega = \dfrac{2\pi n}{60}$ $= 2\pi f$,在本实验中,1 转/100 脉冲,所以 $T = \dfrac{100T'}{1000} = 0.1T'$ s,转速 $n = \dfrac{600}{T'}$ r/min。)

(二)机构动平衡的测试方法

机构惯性力对机座平衡的充要条件是:在机构运动过程中,当且仅当机构总质心静止不动时,平面机构的惯性力才能达到完全平衡。而机构的总质心的位置是难以测定的,因此,通过测试具有弹性支承的机架(即实验台底板上的转轴支承座)在水平方向振动加速度的大小,可定性地了解机构惯性力对机架平衡的影响情况。

下面介绍曲柄摇杆机构实验台中曲柄或摇杆支承座在水平方向的振动加速度测试,即机构动平衡实验的有关内容。

1. 机构惯性力测试基本原理及实验内容

机构惯性力测试的基本原理为:由于机构的总惯性力为 $F = Ma$,因此,可通过实测由机构惯性力引起的机座在水平方向上的振动大小判断机构动态特性的优劣。

机构惯性力测试基本实验主要内容为:①机械惯性力相对机座不平衡时,机架在水平方向上的振动加速度的测定;②增加平衡铁块,机构惯性力相对机座部分平衡时,机架在水平方向上的振动加速度的测定,并与情况①进行比较。(弹性机座振动加速度的大小是相对同一信号测点而言的。)

在实验中,应注意以下几点。①在采集数据之前,即在启动机构运动之前,必须将机构安全罩卡死在桌面上的固定螺栓内,同时检查有无可能由机构运动而导致的人身安全问题(如实验者人身是否安全,电线、信号线是否连好等)。排除安全隐患后方可启动运动机构进行数据采集。②为了安全起见,应在采集信号数据前接通机构的电源;信号数据采集完毕,立即断开机构的电源,进行下面的实验工作。

2. 测试系统的连接

参见图 2-4 所示机架水平方向振动加速度信号测试系统硬件连接示意图,进行测试系统的连接。电荷放大器传感器灵敏度的设置值应与实际使用的压电加速度计的电荷灵敏度值一致。①连接与断开传感器信号线之前,务必切断外接电源方可进行下一步的操作;②将信号插头插入信号座时,以信号插头的缺口方向对准信号座上的小销柱后轻轻插入、右旋;退出时,先左旋,再轻轻拨出信号插头;③在移动压电加速度计时,切勿以压电加速度计或信号输入电缆线为支点拿取,应以压电加速度计磁性底座为移动支承体。)

在实验中,应注意以下几点。①在采集数据之前,即在开启机构运动之前,必须将机构安全罩卡死在桌面上的固定螺栓内,检查有无可能由机构运动导致的人身安全问题。排除安全隐患后,方可进行机构运动的数据采集。②为了安全起见,应在采集信号数据前接通机构的电源;信号数据采集完毕,立即断开机构的电源,进行下面的实验工作。

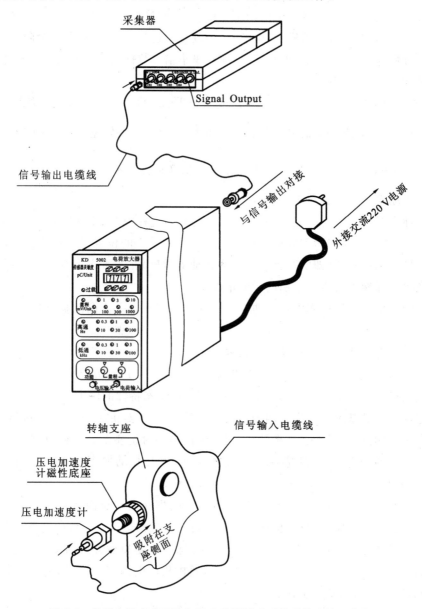

图 2-4　机架水平方向振动加速度信号测试系统硬件连接示意图

3.安装平衡铁块

参照图 2-5 安装平衡铁块。注意:平衡铁块不可安装反;否则,当机构运动时平衡铁块将与其他的活动构件发生碰撞。

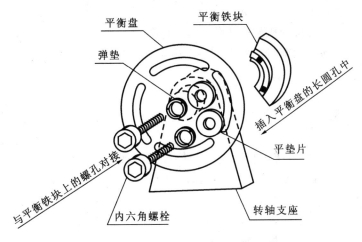

图 2-5 平衡铁块的安装方向指示图

4. 求机构平衡质量和平衡位置

曲柄摇杆机构构件质量、质心位置及运动学尺寸如图 2-6 所示,分别应用"线性独立向量法"和"质量代换法"进行机构惯性力的平衡计算可求出所加的平衡质量和位置。

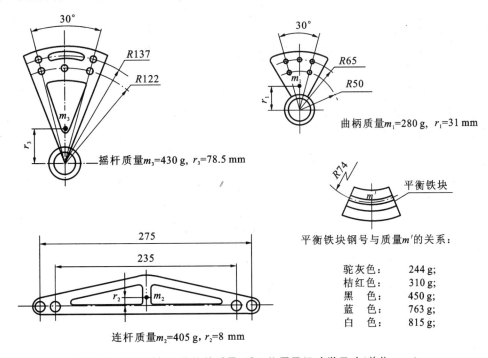

平衡铁块钢号与质量 m' 的关系:

驼灰色:	244 g;
桔红色:	310 g;
黑 色:	450 g;
蓝 色:	763 g;
白 色:	815 g;

图 2-6 曲柄摇杆机构构件质量、质心位置及运动学尺寸(单位:mm)

5. 测量振动加速度

启动 uTek 应用程序"机械故障诊断教学与实验"下的"机构动平衡实验"实验项目,按菜单提示进行相应的实验工作(或打开主菜单窗口后,从左至右逐一打开菜单条,并进行相应的实验工作)。校正因子等于电荷放大器的量程(即信号放大倍数);校正因子单位为 mV,而电荷放大器的量程单位为 V;曲柄摇杆机构加速度计的测点设置在摇杆支座的侧面(建议将采样频率设为 128 Hz 或 256 Hz)。

6.比较不同惯性力下机座振动加速度值

根据实验内容要求可得到机架在工作频率(工频)下同一测点机构惯性力未被平衡时的状态和机构惯性力得到部分平衡时的状态的两个振动加速度值,由此可体会机构惯性力对机架的影响作用。

三、实验仪器

(1)曲柄摇杆机构实验系统,包括:①曲柄摇杆机构;②角位移传感器和与之配用的 RO3 角位移变送器;③旋转编码器;④压电式加速度计和与之配用的电荷放大器;⑤平衡铁块、平垫、螺栓、工具。

(2)信号采集箱、同轴电缆信号线、直流电源及信号控制箱。

(3)计算机及 USB 总线数据采集器。

(4)信号采集分析与机械故障诊断系统。

四、仪器说明

机构运动参数测量与机构动平衡综合实验系统由以下四大部分组成:①被测对象(机构);②传感器及其中间变换器;③信号自动采集和处理系统;④计算机。

(一)曲柄摇杆机构

曲柄摇杆机构的原动件为曲柄,从动件为摇杆。机构中的活动构件上有若干转动副连接圆孔,其作用是使活动构件之间通过不同孔的连接得到不同的机构运动学尺寸,还可以使构件的质心位置相对运动副连线随之发生改变。

如图 2-7 所示,机构中的两个平衡盘分别与曲柄、摇杆同步旋转,其作用是锁定平衡铁块,用螺栓将所需平衡铁块锁定在平衡盘(平衡盘半径为 74 mm)的长圆孔中,使机构惯性力得到不同程度的平衡。

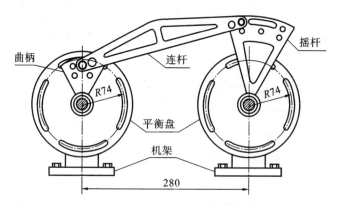

图 2-7 曲柄摇杆机构及其相关参数

机械运动参数测定与机构平衡综合实验台的机座搁置在橡胶垫上,可认为它具有两个振动自由度的弹性机座,其力学本质是一个两自由度的振动系统。

(二)传感器及其中间变换器

1. 角位移传感器和角位移变送器

角位移传感器和角位移变送器如图 2-8、图 2-9 所示。

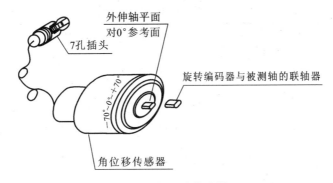

图 2-8　角位移传感器

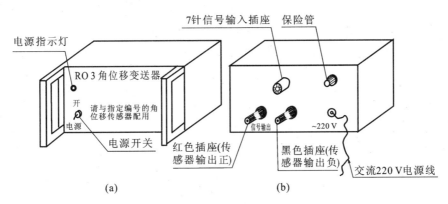

图 2-9　角位移变送器

(a)前面板图；(b)后面板

　　角位移传感器采用了差动变压器工作原理。若要使输出信号与工作信号(角位移量)呈线性的关系,则需要配用一台角位移变送器。角位移传感器的角度测量范围为 $-70°\sim0°\sim+70°$,角位移变送器输出量为电压直流 3 V、电流直流 15 mA,工作温度为 $-5℃\sim+80℃$。

　　角位移传感器与角位移变送器的使用和安装如下所述。

　　(1)为保证摇杆的摆角在角位移传感器的测量范围内,安装时应使角位移传感器外壳上 0°(角位移传感器输出零点为机械安装零点)的标志尽可能对准摇杆的 1/2 角位移位置处(以摇杆上的转动副连线为准)。对准后,用固定角位移传感器的专用垫片、螺钉将角位移传感器固定在其支承架上,并用特制联轴器将传感器的外伸轴和摇杆轴对接,调整两轴的同心度,然后用螺钉将角位移传感器的支承架固定在实验台的底板上(注意被连接两轴的同轴度),再锁紧角位移传感器轴端联轴器上的螺钉。

　　上述安装完成后,转动联轴器(此时角位移传感器的外伸轴与联轴器同步旋转),使角位移传感器的外伸轴上的平面对准自身的 0°标志,打开 uTeK. 2004 应用程序下的"机械故障诊断教学与实验"项,单击"示波"菜单,观察传感器的输出零点是否与电压 0 轴重合(通常传感器的输出零线与电压 0 轴允许不重合),可用手握住联轴器确保角位移传感器的外伸轴不再转动,同时,用手转动摇杆使之处于 1/2 角位移位置,并锁紧摇杆端的联轴器上的螺钉。角位移传感器的外接 7 针插头与角位移变送器的相应插座对接。

　　(2)角位移变送器外部引出线有两根,红色插座引出线信号输出为正,黑色插座引出线信号输出为负。

（3）不同的传感器的灵敏度是不同的,在实验中需用校正因子对其进行修正。本实验中使用的角位移传感器的编号及对应的校正因子如表2-1所示。

表 2-1　角位移传感器的校正因子　　　　　　　　　　　单位:mV/(°)

编号	20050830T	20050831T	20050832T	200508334T	20050834T	20050835T
校正因子	45.28	46.40	48.089	48.53	33.60	33.133

2. 旋转编码器

（1）旋转编码器(见图2-10)的技术指标:规格为1转/100脉冲;输入直流电压为12 V;允许最高转速为5 000 r/min;使用温度为-10℃～+55℃。

（2）旋转编码器的使用与安装。旋转编码器自动对零,机械安装(注意被连接两端的同心度)零点即为旋转编码器的输出零点。传感器内部有

图 2-10　旋转编码器

三根引出线,其中两根为电源线,一根为信号输出线。棕色线为电源(DC+12 V)正极,蓝色线为电源零点,黑色线为信号输出线,它们分别与4孔插头相连。旋转编码器的校正因子为100。

3. 压电加速度计

压电加速度计、信号线与磁性底座的连接如图2-11所示。使用说明参见本实验"附录二 压电加速度计使用说明"。

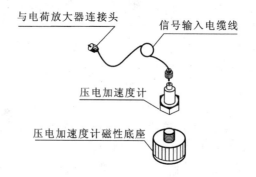

图2-11　压电加速度计、信号线与磁性底座的连接

（1）在挪动压电加速度计时,切勿以压电加速度计或信号输入电缆线为支承点移动,应以压电加速度计磁性底座为移动支承体。

（2）压电加速度计的信号输入线与电荷放大器前面板上的"电荷输入"插头对接。

（3）不同的传感器的灵敏度是不同的,在使用电荷放大器时应根据加速度计的编号设置灵敏度。本实验中使用的加速度计的编号及对应的电荷灵敏度如表2-2所示。

表 2-2　加速度计编号与对应电荷灵敏度　　　　　　　单位:pC/(m·s^{-2})

编　　号	6016	6017	6018	6019	6020	6022
电荷灵敏度	1.357	1.679	1.413	1.386	1.525	1.340

4. 电荷放大器

电荷放大器如图2-12所示,其编号为30103,使用说明详见本实验"附录三 电荷放大器使用说明"。请认真阅读说明书后再进行实际操作。

在加速度的测量中,校正因子数值等于所设定的电荷放大器的实际量程挡的数值对应电荷放大器前面板上"量程 mV/Unit"挡所设的数值,就是信号的放大倍数。

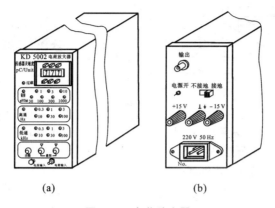

图 2-12 电荷放大器

(a)前面板;(b)后面板

5. 信号采集箱

信号采集箱如图 2-13 所示。

(1)信号采集箱的技术指标:输入为 220 V、50 Hz 的交流电,输出为 12 V、2.1 A 的直流电。

(2)信号采集箱前面板功能:"CH1"、"CH2"为对应的信号输入四针插座,与信号四孔插头对接;"POWER"为 220 V、50 Hz 交流电源开关。

(3)信号采集箱后面板功能:"CH1"、"CH2"为对应的信号输出插座;"～220 V"为信号采集箱外接 220 V、50 Hz 交流电的插座;"FUSE"是规格为 250 V、2.5A 的保险管。

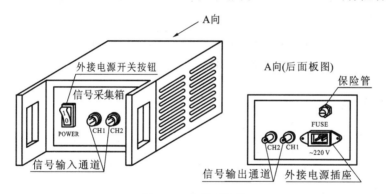

图 2-13 信号采集箱

6. 采集器

1)采集器的安全使用

采集器应与计算机的 USB 接口相连接。实时采样频率为 51.2 kHz,分析频率为 20 kHz、12 Bit。如图 2-14 所示,采集器有信号输入通道四个,其上分别标有 CH1、CH2、CH3、CH4 等符号;另有一个测量信号输出通道,下方标有"Signal Output",该通道输出 200 Hz 方波信号。如图 2-15 所示,用信号线的一端与"Signal Output"通道对接,该信号线的另一端与采集器的四个通道中的任一信号输入通道对接,通过"信号采集分析与机械状态分析系统"应用程序中工具条上的"示波"菜单可以观察到方波信号,以此判断采集器工作是否正常。

注意,在实验中,"Signal Output"通道不能作为外部信号输入接口,不能将外部信号接入"Signal Output"通道;否则,会影响采集器的性能,甚至损坏采集器。

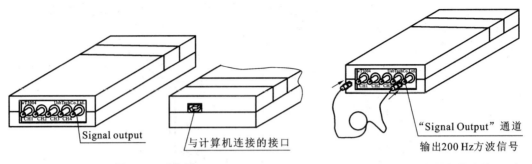

图 2-14 采集器   图 2-15 采集器自检连线

2)采集器输入信号的电压输入范围

外部信号输入为电压输入,采集器的满量程电压输入是±5 V,这里所指的满程与信号测量软硬件中所设置的"程控放大"的放大倍数有关,不同的程控放大倍数对应不同的满量程输入电压。采集器满量程 $U_满$ 与输入电压 $U_入$ 和程控放大倍数 n 的关系为 $nU_入 = U_满 = \pm 5$ V,因此 $U_入 = \dfrac{\pm 5}{n}$ V。

应用"信号采集分析与机械状态分析系统"程序中的"机械故障诊断教学与实验"项进行信号采集,并在"参数设置"时将"程控放大"设置为 1 倍,则输入电压范围为±5 V;若程控放大倍数设置为 8 倍,则输入电压范围为±0.625 V。

本实验中,摇杆位移信号输入电压为 3 V,不需进行信号放大设置;曲柄转速信号是脉冲信号,也不需进行放大设置。在测量振动加速度信号时,可由电荷放大器将输入信号放大至 10～100 倍,再根据观察到的锯齿状信号波形的大小决定是否使用软件中的"程控放大"键。

注意:若输入电压超过±5 V,并在过载情况下工作,就会损坏采集器,因此,不要随便将信号测量程序软件中的"程控放大"拖滑键任意放大。同时,电荷放大器中的"输出量程"要选择适当,使电荷放大器输出一个合适的输出电压,并不产生过载。

五、实验步骤

(1)选定被测运动参数即被测信号。本实验系统提供的可测试的信号有曲柄的转速、摇杆的角位移、曲柄或摇杆支承座在水平方向的振动加速度。建议机构惯性力未达到平衡状态(即没有在平衡盘上锁定平衡铁块)时测试曲柄的转速、摇杆的角位移。

(2)进行运动参数测量装置的连接。在测试装置的连线过程中或插、拔四孔插头前,"直流电源及信号控制箱"的电源必须处于断电状态;否则,会造成信号输入电压超过 5 V 而烧毁 AD 卡。

(3)接通计算机电源,进入 uTek 应用程序。

(4)对拟定的测试信号逐一进行数据采集,将结果存盘(需存盘时请同时按 Ctrl＋P 键),在计算机中的画图程序中调出并打印出来,以备分析之用。

(5)退出 uTek 应用程序,关断电源。

(6)完成实验报告。

六、思考题

(1)测试机构运动参数系统的基本硬件组成有哪几大类?

(2)试叙述测试机构运动参数的一般工作程序。

(3)从实验结果中可获取到哪些信息? 如何利用所得数据对机构运动特性进行分析?

附录一　机械运动参数(曲柄转速)的计算

一个周期信号所需要的时间 T、曲柄角速度 ω、频率 f 和曲柄的转速 n 之间的计算关系式为

$$f=\frac{1}{T}\mathrm{Hz},\omega=\frac{2\pi n}{60}\approx\frac{1}{10}\mathrm{rad}(或\ \omega=2\pi f)$$

(1)假设已知频率 f(时域信号通过傅里叶变换求频率 f),求曲柄转速。

由于

$$\omega=\frac{2\pi n}{60}=\frac{\pi n}{30},\omega=2\pi f=\frac{\pi n}{30},f=\frac{n}{60}$$

而在实验中,电动机的转速为 1 400 r/min,因此激振频率 $f=\dfrac{100\times100}{1\ 400}\ \mathrm{Hz}=7.2\ \mathrm{Hz}$,则由上述公式计算得曲柄转速为

$$n=60\times7.2\ \mathrm{r/min}=431\ \mathrm{r/min}$$

注意:由信号测试软件测量的数值应该在 431 r/min 左右才正确。

(2)利用时域信号计算曲柄的转速,即用每转发出 100 个脉冲数的传感器测量曲柄转速 n(=每分钟的脉冲数/100)。由时域信号求得每个周期脉冲所耗费的时间 T',经过 100 个脉冲所需要的时间 $T=100T'$。由于 T' 是直接测量得到,无需通过傅里叶变换求频率,因此这种计算方法从理论上应该准确一些。如图 2-16 所示为经采集得到的脉冲信号。

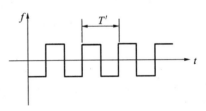

图 2-16　脉冲信号

因为 100 个脉冲即曲柄转一速所需要的时间

$$T=100T'\mathrm{ms}=\frac{100T'}{1000}\ \mathrm{s}=\frac{1}{f}\ \mathrm{s}=\frac{1}{n/60}\ \mathrm{s}$$

$$n=\frac{60}{100T'/1\ 000}\ \mathrm{r/min}=\frac{60\times1\ 000}{100T'}\ \mathrm{r/min}=\frac{600}{T'}\ \mathrm{r/min}$$

附录二　压电加速度计使用说明

压电加速度计广泛应用于振动、冲击测量,具有频响宽、主灵敏度高、横向灵敏度小和抗外界干扰能力强的优点。加速度计由底座、质量块、敏感元件和外壳组成,是一种利用压电陶瓷材料的压电效应的机电换能产品。

在加速度计中,陶瓷材料在承受一定方向的感应及变形时,其极化面会产生与其相应的电荷,压电元件表面产生的电荷正比于作用力,即

$$Q=dF \tag{2-1}$$

式中:Q 为电荷量;d 为压电元件的压电常数;F 为作用力。

1. 主要参数说明

1）电荷灵敏度

加速度计的电荷灵敏度（S_q）是加速度计输出的电荷量与其输入的加速度值之比。电荷量的单位取 pC，加速度单位为 m/s²。

2）电压灵敏度

如果已知加速度计的电荷灵敏度 $S_q[\text{pC}/(\text{m}\cdot\text{s}^{-2})]$，其电压灵敏度

$$S_a=\frac{S_q}{C_a}\text{V}/(\text{m}\cdot\text{s}^{-2})\qquad(2\text{-}2)$$

式中：C_a 为电容量（pF）。

3）频率响应

（1）加速度计的谐振频率为加速度计安装时的共振频度。

（2）频率响应一般取谐振频度的 1/3～1/5。加速度计频响在 1/3 谐振频率时，频响与参考灵敏度偏差≤1 dB，（误差＜10%）。频响在 1/5 谐振频率时，频响与参考灵敏度偏差≤0.5 dB（误差＜5%）。本实验所用的加速度计均以 1/3 谐振频率计算。

4）最大横向灵敏度比

加速度计受到垂直于安装轴线的振动时，仍有输出；垂直于轴线的加速度灵敏度与轴线加速度之比称为横向灵敏度。

2. 加速度计的安装

应用加速度计进行测量时，为使数据准确和使用方便，在安装时可使用多种方法，如螺钉安装、黏接安装、云母片安装等。本实验中，为了方便测量，采用了磁吸盘安装，其优点是不破坏被测物体，移动方便；其缺点是会使加速度计的频率响应有所下降。

3. 电缆

连接加速度计和电荷放大器的电缆在整个测量系统中是很重要的部分，要求它在传递信号时受到的噪声干扰最小。为了减少噪声干扰，必须选择好加速度计与放大器连接的电缆。在实验中建议使用提供的低噪声电缆线，以免产生低频干扰。另外，高温场合使用高温导线，电缆与加速度计连接接头抗拉强度较小，应注意保护。

4. 加速度计内装电路

（1）压电式加速度计可以配合电荷放大器或电压放大器使用。电荷输出的压电式加速度计配合电荷放大器，其系统的低频响应下限主要取决于放大器的频响。

（2）带有阻抗变换的压电式加速度计通常分为 ICP 型（见图 2-17）和内置电路型。

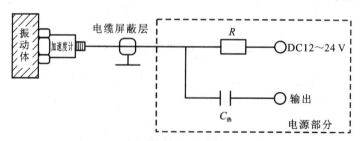

图 2-17　ICP 接线图

①当传感器是带有内装电路的加速度计时，高阻抗的电压或电荷信号经内装电路变换后获得低阻抗的电压信号，传感器的输出可直接进入各类二次仪表读数或记录。经过特殊处理

后,内装电路还可具备增益、滤波等功能。

由于偏置电压的存在,其加速度信号是一迭加在直流电平上的动态信号。如果不需要此直流电平,可用电容隔去,通常推荐 $C_热 = 1 \sim 10\ \mu F$;若后续仪器的输入阻抗为 $1\ M\Omega$,则时间常数为 10 s,对传感器的低频响应影响不大。

②内置电路加速度计一般为正、负电源供电,输出直流零点 $< 10\ mV$,具有一定放大倍数,一般为四线制:正电源,负电源,电源零,输出。实验中,电源极性不能接错。

5.现场环境与系统接地

现场环境与系统接地是影响测量准确的关键因素之一,特别是现场有强力磁场(如高电压、电器启动、电动机运行、电焊机运行等)时,整个测量系统将受到很大干扰,反映在输出端(指仪器部分)的将可能是远大于正常值的交流噪声,或飘忽不定的信号。

保证整个测量系统只有一个接地点,是防止地回路的方法之一。如果输入信号是多通道的,需要将加速度计和放大器对地绝缘,接地点选择在读出装置的输入端为好。同时,尽量减短加速度计与电荷放大器的导线长度。后级的电子仪器可通过垫绝缘材料与地绝缘;保证输入输出导线外层无破损,以免产生地回路,可采用浮地型传感器,以对地绝缘。

6.注意事项

(1)加速度计是精密换能仪器,必须妥善保管。一般应存放在干燥处。在使用时防止传感器跌落,以免产生的巨大冲击损坏传感器,特别是低频高灵敏度传感器。

(2)为了保证其高阻抗性,要防止插座部位受到污染;不得自行拆开传感器。如传感器受污染,要用无水乙醇清洗并烘干。

(3)不得在其说明书规定的技术条件外使用加速度计;在重要实验前或受到冲击、振动后,建议对加速度计进行复验。

(4)内置电路型和 ICP 型加速度计测量前应通电预热 10 min。

(5)安装时应拧紧螺钉,以免迭加高频谐波。

7.加速度计技术参数

加速度计技术参数如表 2-3 所示。

表 2-3　加速度计技术参数

	技术参数	指标
型号:冲击类 1000	灵敏度/[pC/(m·s⁻²)]	~0.5
	安装谐振频率/kHz	~50
	使用频率范围/Hz	0.5~15 000
	最大横向灵敏度	<5%
	参考使用极限/(m/s²)	1×10^5
	参考使用温度/℃	-20~150
	输出端引线位置	顶端
	质量/g	4
	内部结构形式	中心压缩
	安装方式	M5 螺钉
	适用场合	冲击或振动、模态

8.附件

(1)带插头低噪声电缆 1 根;

(2)安装钢螺钉 1 只;

(3)吸磁盘 1 个;

(4)加速度计谐振频率曲线图 1 张。

附录三　电荷放大器使用说明

电荷放大器是一种输出电压与输入电荷成正比的前置放大器,与压电型加速度计和其他压电型传感器配接,可测量振动、冲击、动态力等机械量,广泛应用于机械、动力、采矿、交通、建筑、水利、航天、兵器等部门,也可用于加速度计校准系统。

1.电荷放大器的特点

电荷放大器具有如下特点:

(1)具有电荷、电压、ICP 输入模式,低噪声;

(2)归一化适调数字设置;

(3)手动切换量程模式,按照-10 dB 分挡(按 1、3、10、30、100、300、1000 分挡);

(4)可选择的高、低通滤波器;

(5)可测量加速度、压力、力等物理量;

(6)可交、直流供电;

(7)轻触开关,LED 显示挡位。

2.技术指标

(1)输入特性:电荷,$1×10^5$ pC。

(2)传感器灵敏度适调:三位十进制开关"1-0-0"～"10-9-9"pC/Unit(mV/Unit)。"Unit"指与传感器灵敏度单位相对应的机械量单位,如加速度单位 m/s^2、力单位 N、压力单位 Pa。

(3)输出灵敏度:(1 mV_p～10 V_p)/Unit,按 1、3、10、30、100、300、1000 分 7 挡,手动切换。

(4)精度:误差小于±1%。

(5)输出电压:±10 V_p/5 mA。

(6)输出噪声电平:小于 6 mV(有效值)。

(7)频响:0.3～100 kHz。

(8)滤波器:高通为 0.3,1,3,10,30,100 Hz,-3 dB±1 dB;倍频衰减为-6 dB/oct;低通为 0.3,1,3,10,30,100 Hz,-3 dB±1 dB;倍频衰减为-12 dB/oct。

(9)过载指示:输出≥10 V_p,LED 亮。

(10)电源:交流电源为 220 V,50 Hz;直流电源为±15 V。

(11)通电预热约 20 min 使用。

(12)工作环境:温度为 0～40℃,湿度为 20%～90% RH。

(13)外形尺寸:60 mm×120 mm×220 mm。

3.工作原理

电荷放大器由模拟电路及数字电路混合组成。模拟电路由电荷放大级、归一化、滤波器等组成,其原理与普通电荷放大器相同。数字电路由计数器、存储器、门电路等组成,完成量程选择。

电荷放大级是仪器主要部分,由一个带电容反馈的高增益运算放大器组成,连同压电传感器与输入电缆,其等效电路如图 2-18 所示。

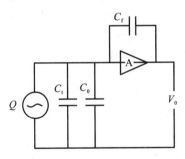

图 2-18 放大器的等效电路图

输出电压为

$$V_0 = -\frac{QA}{C_t + C_0 + C_f(1+A)} \tag{2-3}$$

式中:Q 为传感器产生的电荷;C_t 为传感器电容;C_0 为输入电缆电容;C_f 为反馈电容;$-A$ 为运算放大器开环增益(负号指输入与输出反相),由于 A 很大,一般情况下

$$|C_t + C_0| \ll |C_f(1+A)|$$

因此有

$$V_0 \approx -\frac{QA}{C_f(1+A)} \approx -\frac{Q}{C_f}(A \gg 1) \tag{2-4}$$

由式(2-4)可知,若反馈电容 C_f 不变,则输出电压 V_0 与输入电荷 Q 成正比,基本与输入电缆无关,因此可以使用较长电缆,并对测量精度无影响。

4. 电荷放大器面板功能及操作

1)电荷放大器的前面板

(1)传感器灵敏度适调开关。为了在使用不同灵敏度传感器时,输出信号量值能归一,特设本开关。本开关为三片式按码开关,显示"1-0-0"~"10-9-9",用于精确设置传感器电荷灵敏度。使用中,根据传感器批示值按动开关选择不同数值。

(2)过载指示(红色)。输出 10 V_p 时该灯亮,表示仪器输出电压超过量程,应调整量程。

(3)输出量程(mV/Unit)。灯亮指示当前的输出量程数值,共有七挡:1,3,10,30,100,300,1000 mV/Unit,可按动量程键切换至所需输出量程挡。在设置输出量程时,应根据信号的大小选择量程,使放大器输出一个合适的输出电压并不产生过载,从而使记录仪表得到一个合适的指示值。输出量程范围建议在 1~10 V_p 之间。

(4)高通频率量程。设置该功能是为了滤除信号中无用的低频干扰,仪器采用了一阶无源滤波器。灯亮位置为指示当前高通滤波器的工作状态。建议低于被测主频率的 1/6。

(5)低频率量程。设置该功能是为了滤除信号中无用的高频干扰及毛刺。仪器采用了二阶巴特奥滤波器,灯亮位置为指示当前低通滤波器的工作状态。建议低于被测主频率的 3 倍。

(6)电荷输入插座(M5)。该插座用于连接压电型传感器。

(7)电压输入插座(M5)。该插座可接电压输出传感器测量或接正弦信号源作为仪器校准标准。

(8)功能/量程键。"功能"按键控制每个功能的切换,黄灯指示。"量程"按键是在功能定下后,"△"键为选择进,"▽"键为选择退。

2)电荷放大器后面板

(1)信号输出插座(BNC/Q9):信号输出端,输出幅度为±10 V$_p$/8 mA。

(2)电源开关:当拨向"开"位置时,仪器接通 220 V、50 Hz 交流电,LED 指示灯亮。

(3)交流电源插座:电源插座与保险丝合二为一。

(4)外接直流电源输入。

5.使用方法

(1)根据所用传感器的灵敏度,设置电荷放大器的归一值。设置方法为拨动电荷放大器灵敏度适调开关,拨入数字与开关位置相对应。

(2)设置高、低通频率。传感器安装配置如图 2-19 所示。

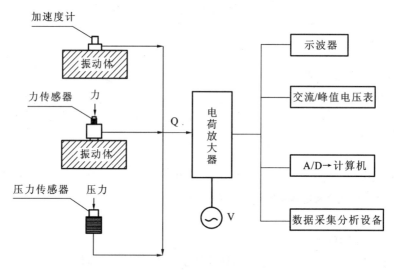

图 2-19 传感器安装配置

(3)根据信号大小,设置输出量程(mV/Unit)挡位。例如用电荷灵敏度为 5.10 pC/(m·s^{-2})的压电加速度计测量 63 Hz 的振动,首先将传感器灵敏度归一化拨成 510,下限滤波器置 10 Hz,上限滤波器置 0.3 kHz,量程开关由低挡 1 mV 调至 100 mV,则此时输出为 1888 mV$_p$,根据表 2-4 得

$$\frac{1888 \text{ mV}_p}{100 \text{ mV}/(\text{m}\cdot\text{s}^{-2})}=18.88 \text{ m}\cdot\text{s}^{-2}$$

此时的加速度为 19 m·s^{-2}。

(4)机械量可根据下式计算:

$$被测机械量(\text{Unit})=\frac{输出电压(\text{V})}{输出灵敏度(\text{V/Unit})}$$

当传感器的灵敏度在 0.1~1099 时,输出机械量的计算参见表 2-4,其余类推。

表 2-4 输出机械量的计算

传感器灵敏度/(pC/Unit)	计 算 方 法
0.1~1.099	$被测机械量(\text{Unit})=\frac{输出电压(\text{mV})\times10}{输出灵敏度(\text{mV/Unit})}$
1~10.99	$被测机械量(\text{Unit})=\frac{输出电压(\text{mV})}{输出灵敏度(\text{mV/Unit})}$

续表

传感器灵敏度/(pC/Unit)	计 算 方 法
10～109.9	被测机械量(Unit) = $\dfrac{输出电压(V)}{输出灵敏度(mV/Unit) \times 10}$
100～1099	被测机械量(Unit) = $\dfrac{输出电压(mV)}{输出灵敏度(mV/Unit) \times 100}$

(5)注意事项如下。

①现场环境与系统接地是保证测量正常的关键因素之一,特别是现场存在强力磁场时,整个测量系统将受到干扰,反映在输出端的将是大于正常值的交流噪声,或是飘忽不定的信号。保证整个测量系统一点接地是防止受到干扰的方法之一。如果传感器是多测点,最好将接地选择在三次仪表(记录分析设备)上。尽量减短传感器材料与电荷放大器的电缆长度也是防止系统受到干扰的方法。仪器可垫绝缘材料与地绝缘,同时保证输入/输出导线外层无破损,以免产生地回路。

②若使用直流电源供电,需拔去交流电插头。直流电压按正负极接入。

③仪器为高输入阻抗放大器,因此保持测量系统的高绝缘非常重要。在日常保养中,对输入插座及电缆插头、传感器的清洁、干燥是很有必要的,谨防油污、水、汽污染,以免影响测量准确性。

④检查仪器时,可从电压源送入 1 V/160 Hz 信号。将量程置 10 mV 挡,归一化置"10－0－0",滤波器 0.3 Hz～100 kHz,此时输出应为(1000±5) mV。

⑤当"功能"、"量程"指示灯出现不亮时,可按动相应按键恢复测量;如无反应,说明机内电池应该更换。

附录四　转速信号中存在 50 Hz 干扰信号时的转速测量说明

在实验室中,由于外接交流电源(220 V、50 Hz)接地不良,采集信号时,会存在干扰信号。图 2-20 所示的是采样频率为 12 800 Hz 时得到的转速信号。由于转速信号中存在 50 Hz 干扰信号,造成图中最小信号的波动,使信号过零点数量计算有较大误差,这时"时域计算转速"失真,而"频域计算转速"受干扰信号的影响不是很大,故计算的结果相对要准确一些。

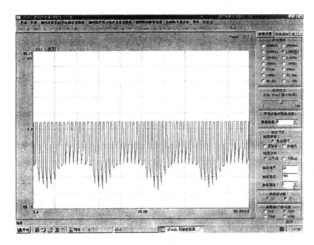

图 2-20　受 50 Hz 干扰信号采集图

　　要解决上述干扰信号在时域计算转速中的问题,可在采集信号前将信号"程控放大"至100倍,再进行信号采集,如图 2-21 所示。屏显上的负电平过载,达到削弱干扰信号的目的,干扰信号对"时域计算转速"的影响大大减少,由"时域计算转速"得到的转速结果逼近真实。

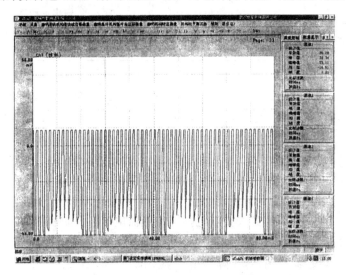

图 2-21　排除 50 Hz 干扰信号采集图

　　注意:此种削弱干扰信号的方法是过载使用信号采集器,故只能短时间过载,即过载采集转速信号完毕,立即将"程控放大"的滑杆拖回至程控放大 1 倍的位置;否则,长时间过载采集信号会影响其性能,甚至会损坏采集器。

实验二　渐开线齿廓的范成原理

　　渐开线齿廓的切削加工方法可分为仿形法和范成法。范成法是批量生产高精度齿轮最常用的一种方法,如插齿、滚齿、磨齿等均属于这种方法。范成法是利用一对齿轮相互啮合时其共轭齿廓互为包络线的原理来切制齿廓的。假想将一对相啮合的齿轮(或齿轮与齿条)之一作为刀具,另一个作为轮坯,并使两者仍按原传动比传动,同时刀具作切削运动,则在轮坯上加工出与刀具齿廓共轭的齿轮齿廓。范成法加工渐开线齿轮是在专用机床上进行的,渐开线齿廓的形成过程不容易看到。渐开线齿廓的范成实验就是利用专用的实验仪器模拟齿轮与齿条插刀的范成加工过程,用图纸取代轮坯,用铅笔记录刀具在切削过程中的一系列位置,展现包络线形成的过程,可清楚地观察到范成法加工齿轮齿廓的过程。

一、实验目的

(1)了解用范成法加工渐开线齿轮的原理,观察齿廓的渐开线及过渡曲线的形成过程。
(2)了解齿轮的根切现象及标准齿轮和变位齿轮的异同。

二、实验设备

(1)渐开线齿廓范成仪。

(2)圆规、三角尺、剪刀、计算器、铅笔(2H、削尖)、绘图纸(300 mm×300 mm)。

三、实验原理

1. 理论基础

齿轮机构是依靠主动轮轮齿依次推动从动轮轮齿来实现啮合回转运动的,其传动比为

$$i_{12}=\frac{n_1}{n_2}=\frac{z_2}{z_1} \tag{2-5}$$

式中:n_1、n_2 分别为主动轮和从动轮的转速;z_1、z_2 分别为主动轮和从动轮的齿数。

齿轮传动的瞬时传动比为两轮的角速度之比,即

$$i_{12}=\frac{\omega_1}{\omega_2} \tag{2-6}$$

齿廓啮合基本定律为:要使两齿轮传动的瞬时传动比为一常数,必须满足不论两齿廓在任何位置接触,过接触点所作的齿廓公法线与连心线应相交于一固定点,即齿轮传动的瞬时传动比

$$i_{12}=\frac{\omega_1}{\omega_2}=\frac{\overline{O_2 P}}{\overline{O_1 P}} \tag{2-7}$$

式中:O_1、O_2 分别为主动轮 1、从动轮 2 的回转中心,P 为啮合节点,即过齿廓接触点作的法线方向与连心线 $O_1 O_2$ 的交点。要使两齿轮的传动比不变,比值$\overline{O_1 P}/\overline{O_2 P}$应为常数。因为两齿轮的中心距为定值,要求点 P 为连心线上的固定点,即节点。理论上,能满足齿廓啮合基本定律的一对齿廓(称为共轭齿廓)曲线均可作为齿轮机构的齿廓,并能实现瞬时传动比为常数的要求;而作为共轭齿廓的曲线有无数条,只要给定一个齿轮的齿廓曲线,就可以根据啮合基本定律求出与其共轭啮合的另一齿廓曲线。但是,齿廓曲线的选择,除了应满足瞬时传动比为常数的要求外,还应考虑制造、安装和强度等要求。在齿轮机构中,通常采用渐开线、摆线和圆弧等作为齿轮的齿廓曲线,其中以渐开线齿廓应用最广泛。

在实验过程中要强调的是:

(1)渐开线的共轭齿廓仍为渐开线;

(2)直线也是渐开线,是基圆半径为无限大的渐开线;

(3)渐开线作为齿轮的齿廓曲线,能保证定传动比;

(4)渐开线齿轮传动具有安装可分性,即使两轮中心距改变,仍能保证传动比为常数;

(5)正确啮合条件为两轮的模数和压力角分别相等,即

$$\left. \begin{array}{l} m_1=m_2=标准值 \\ \alpha_1=\alpha_2=标准值 \end{array} \right\} \tag{2-8}$$

由此,用渐开线齿轮插刀、齿条插刀加工的齿轮,其模数与压力角分别相等,满足正确啮合条件。

用齿条插刀范成加工齿轮,刀具与轮坯有如下四个相对运动。

(1)范成运动:刀具中线与被加工轮坯节圆作纯滚动。

(2)切削运动:刀具沿轮坯轴线方向作反复运动。

(3)进给运动:为切出全齿高,刀具沿轮坯径向方向运动。

(4)让刀运动:插刀回程时,轮坯沿径向作微让运动,以免刀刃擦伤已形成的齿面。

2.动作原理

在图 2-22 中,圆盘 1 表示被加工齿轮的轮坯,安装在机架 4 上,并可绕机架上固定轴 C 转动,代表切削刀具的齿条 7 安装在滑板 3 上,圆盘的圆槽内绕有钢丝 2,钢丝的两端固定在滑板 3 上。滑板 3 可在机架 4 的导向槽内沿水平方向左、右移动。当推动滑板 3 沿一个方向逐步移动时,则钢丝带动圆盘逐步转动,二者的运动关系相当于圆槽内钢丝中心线所在圆(代表被切齿轮的分度圆)与滑板上的直线(代表机床节线)作纯滚动。若在圆盘上装上圆形纸片(代表被切齿轮坯)、在滑板上装上齿条型刀具,则上述滚动关

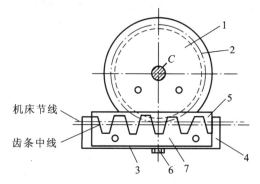

图 2-22　齿轮范成仪

1—圆盘;2—钢丝;3—滑板;
4—机架;5—齿条尺;6—螺钉;7—齿条(刀具)

系模拟了齿条与齿轮的啮合传动关系。因此,若把传动中刀刃的各个位置用铅笔描在纸上,则这些刀刃各个瞬时位置的包络线就形成了被切齿轮的渐开线齿廓。

四、实验内容与步骤

1.展成标准齿轮

(1)根据所用范成仪的参数 m、z 等计算出被切齿轮(见图 2-23)的分度圆半径 r、齿顶圆半径 r_a、齿根圆半径 r_f、基圆半径 r_b,将绘图纸剪成比齿顶圆直径 d_a 大 3 mm 的圆形纸片,然后将各圆画在纸片的半边上,代表被切齿轮的"齿坯"。

(2)将圆形纸片装在圆盘上,对准中心后用压板压住。

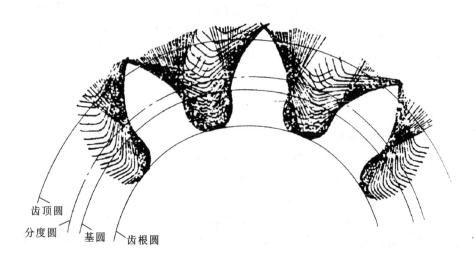

齿顶圆　分度圆　基圆　齿根圆

图 2-23　标准齿轮($z=10$)

（3）旋动螺钉 6，使齿条尺 5 移动，移至齿条中线，与"齿坯"的分度圆相切。

（4）将滑板 3 推到范成仪的一端，然后向另一端逐步移动，每移动一个微小距离，即用铅笔描下各刀刃落在纸片上的投影线，直到形成 2～3 个轮齿为止。

（5）取下图形纸片，用标准渐开线齿廓的样板检验轮齿的渐开线齿廓有无根切现象，并量出分度圆弦齿厚和齿顶圆弦齿厚。

2. 展成正变位齿轮

（1）据所用范成仪的参数，计算出不产生根切的最小变位系数 $x_{\min}$，计算被切齿轮的半径 r_a、r_f，将各圆画在圆形纸片的另半边上。

（2）将齿条刀外移一段距离 $x_{\min}m$（mm），此时齿条中线和机床节线分离 $x_{\min}m$（mm），而被切齿轮的分度圆仍与机床节线相切。

（3）按前述步骤（4）的同样方法，画出 2～3 个轮齿。

（4）同前述步骤（5）。

对于 $\alpha=20°$、$h_a^*=1$ 的标准齿条刀具，加工标准齿轮不产生根切的最少齿数 $z_{\min}=17$。加工变位齿轮不产生根切的最小移距系数为

$$x_{\min}=\frac{17-z}{17} \tag{2-9}$$

由式（2-9）可知，当齿轮的齿数 $z<z_{\min}$ 时，$x_{\min}$ 为正值，说明为了避免根切，该齿轮应采用正变位（见图 2-24），其变位系数 $x \geqslant x_{\min}$，刀具移出。反之，当 $z>z_{\min}$ 时，$x_{\min}$ 为负值，说明该齿轮在刀具移进 $x_{\min}$ 的条件下，采用负变位也不会发生根切，因此变位齿轮不发生根切的条件是 $x \geqslant x_{\min}$。

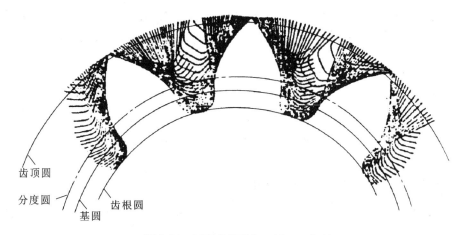

图 2-24　正变位齿轮（$z=10$，$x=0.4$）

由于实际加工时看不到刀刃在各个位置形成包络线的过程，故通过齿轮范成仪来实现刀具与轮坯间的传动过程（范成运动），用笔将刀具刀刃的各个位置记录在纸上（轮坯），这样就能清楚地观察到齿轮范成的全过程。

用范成法加工齿轮时，若刀具的齿顶线或齿顶圆与啮合线的交点超过被切齿轮的极限啮合点，则刀具的齿顶会将被切齿轮之齿根的渐开线齿廓切去一部分。被切制的齿轮根部被切去一部分后，破坏了渐开线齿廓，此现象称为根切。产生根切的齿轮，一方面削弱了轮齿的抗弯曲强度，另一方面使齿轮传动的重合度系数有所降低，这对传动不利，所以应避免根切现象的产生。

五、思考题

(1)为什么会发生根切现象？根切现象发生在基圆之内还是基圆之外？怎样避免根切？

(2)齿条刀具的齿顶高和齿根高各等于多少？加工所得的齿形曲线是否全是渐开线？

(3)在齿形图上是否观察到齿顶变尖的现象？如何避免齿顶变尖？

(4)什么称为模数？齿条刀具的模数和压力角如何测定？

实验三　机构运动方案创新设计

机械创新设计主要内容是机构的创新设计。在设计中，为了满足机器的功能要求，设计者可根据机构的组成原理，充分发挥自己的创造力。本实验是基于机构组成原理的机构运动方案拼装实验，根据从动件工作的运动要求，创新构思运动方案，利用实验台提供的多功能部件，将其组装成机构模型。本实验不仅可以通过修改、调整来完成设计，以便确定最后的方案，还可以培养学生的创新能力、动手能力和独立进行运动方案设计的能力，掌握机构创新的基本方法。本实验的主要内容包括：基于机构组成原理的拼接设计实验；基于创新设计原理的机构拼接设计实验；课程设计、毕业设计中的机构系统方案的拼接实验；课外活动(如机械创新设计大赛)中的机构方案拼接实验。

在进行实验前，了解机构的基本类型有哪几种，什么是机构组合和组合机构；阅读教材，熟悉实验中所用的设备和零部件的功能；熟悉各种传动装置、固定支座及移动副等的拼装和安装方法。

一、实验目的

(1)加深学生对机构组成理论的认识，熟悉杆组概念，为机构创新设计奠定良好的基础。

(2)利用机构运动方案创新设计实验台提供的零件，拼接各种不同的平面机构，以培养学生机构运动创新设计意识及综合设计的能力。

(3)训练学生的工程实践动手能力。

二、实验原理

任何机构都是由自由度为零的若干杆组，依次连接到原动件(或已经形成的简单的机构)和机架上所组成的。

本实验的主要内容是正确拼装运动副及机构运动方案，即根据拟定或由实验中获得的机构运动学尺寸，利用机构运动方案创新设计实验台提供的零件按机构运动的传递顺序进行拼接。拼接时，首先要分清机构中各构件所占据的运动平面，这是为了避免各运动构件发生运动干涉。然后，以实验台机架铅垂面为拼接的起始参考面，按预定拼接计划进行拼接。拼接中应注意各构件的运动平面是相互平行的，所拼接机构的延伸运动层面数愈少，机构运动平衡性愈好。为此,建议机构中各构件的运动层面以交错层的排列方式进行拼接。

机构运动方案创新设计实验台提供的运动副的拼接方法请参见以下介绍。

1. 实验台机架

实验台机架(见图 2-25)中有 5 根铅垂立柱,它们可沿 x 轴方向移动。移动时,请用双手扶稳立柱,并尽可能使立柱在移动过程中保持铅垂状态,这样便可以轻松推动立柱。立柱移动到预定的位置后,将立柱上、下两端的螺栓锁紧(注意:不允许将立柱上、下两端的螺栓卸下,在移动立柱前只需将螺栓拧松即可)。立柱上的滑块可沿 y 轴方向移动,将滑块移动到预定的位置后,用螺栓将滑块紧定在立柱上。按上述方法即可在 Oxy 平面内确定活动构件相对机架的连接位置。实验者所面对的机架铅垂面称为拼接起始参考面或操作面。

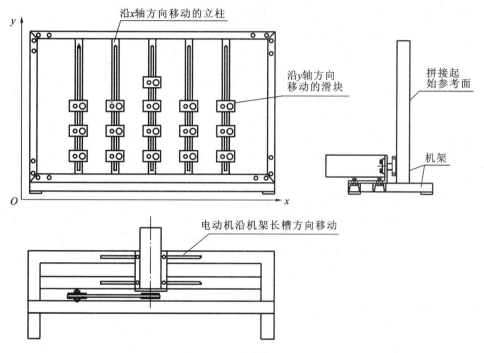

图 2-25　实验台机架

2. 轴相对机架的拼接(图 2-26 中的编号与表 2-5 中的序号相同,下同)

有螺纹端的轴颈可以插入滑块 28 上的铜套孔内,通过平垫片 34、防脱螺母 35 的连接与机架 29 形成转动副或与机架 29 固定。按图 2-26 所示方式拼接后,轴 6 或轴 8 相对机架 29 固定;若不使用平垫片 34,则轴 6 或轴 8 相对机架 29 作旋转运动。拼接者可根据需要确定是否使用平垫片 34。

轴 6 为主动轴,轴 8 为从动轴。该轴主要用于与其他构件形成移动副或转动副、也可将连杆或盘类零件等固定在扁头轴颈上,使之成为一个构件。

3. 转动副的拼接

若两连杆间形成转动副,可按图 2-27 所示方式拼接。其中,零件 14 的扁平轴颈可分别插入两连杆 11 的圆孔内,再用压紧螺栓 16 和带垫片螺栓 15 分别与转动副轴件 14 两端面上的螺孔连接。这样,有一根连杆被压紧螺栓 16 固定在零件 14 的轴颈处,形成一个运动构件,而用带垫片螺栓 15 相连接的另一根连杆相对零件 14 转动。

提示:实验中可能有跨层面拼接构件的需要,此时用零件 7"转动副轴-3"替代零件 14。由于零件 7 的轴颈较长,此时需选用相应的运动构件层面限位套件 17 对构件的运动层面进行

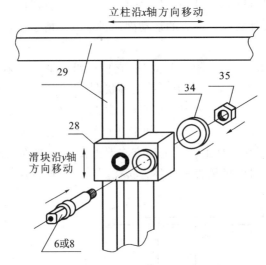

图 2-26 轴相对机架的拼接

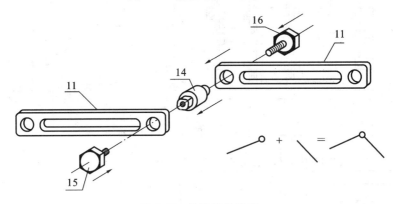

图 2-27 转动副的拼接

限位。

4.移动副的拼接

如图 2-28 所示,转滑副轴 24 的圆轴端插入连杆 11 的长槽中,通过带垫片的螺栓 15 的连接,转滑副轴 24 可与连杆 11 形成移动副。

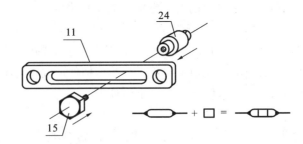

图 2-28 移动副的拼接(一)

提示:转滑副轴 24 的另一端扁平轴可与其他构件形成转动副。根据实际拼接的需要,也可选用零件 7 或零件 14 代替零件 24 作为滑块。

另外一种形成移动副的拼接方式如图 2-29 所示。选用两根轴(轴 6 或轴 8),将轴固定在机架上,然后再将连杆 11 的长槽插入两轴的扁平轴颈上,旋入带垫片螺栓 15,则连杆在两轴的支承下相对机架作往复移动。

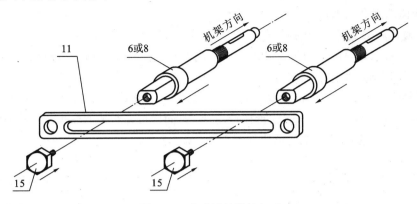

图 2-29 移动副的拼接(二)

提示:根据实际拼接的需要,若选用的轴颈较长,此时需选用相应的运动构件层面限位套 17 对构件的运动层面进行限位。

5. 转滑副轴与连杆组成转动副和移动副的拼接

如图 2-30 所示,首先将固定转轴块 20 用螺栓、螺母固定在连杆长槽中,在零件 20、21 的帮助下,转滑副轴 13 与连杆 11 形成转动副;零件 13 的另一轴端与另一根连杆在连杆长槽中形成移动副。拼接的具体做法为:首先用螺栓、螺母 21 将固定转轴块 20 锁定在连杆 11 上,再将转滑副轴 13 的一端穿插零件 20 的圆孔及连杆 11 的长槽中,用带垫片的螺栓 15 旋入零件 13 的螺孔中,这样零件 13 与零件 11 形成转动副。将零件 13 另一端轴颈插入另一连杆的长槽中,将零件 15 旋入零件 13 的螺孔中,这样零件 13 与另一连杆 11 形成移动副。

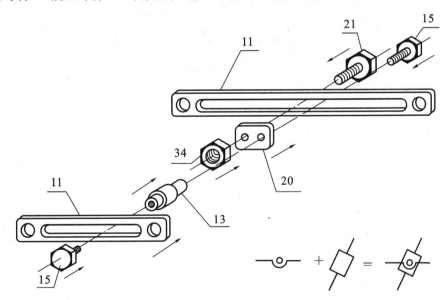

图 2-30 转滑副轴与连杆组成转动副、移动副的拼接

6. 齿轮与轴的拼接

如图 2-31 所示,齿轮 2 装入轴 6 或轴 8 时,应紧靠轴(或运动构件层面限位套 17(见图 2-32))的根部,以防止造成构件的运动层面距离的累积误差。按图 2-31 所示方式连接好后,用内六角紧定螺钉将齿轮固定在轴上(注意:螺钉应压紧在轴的平面上)。这样,齿轮与轴形成一个构件。

提示:若不用内六角紧定螺钉将齿轮固定在轴上,欲使齿轮相对轴转动,选用带垫片螺栓15旋入轴端面的螺孔内即可。

7.齿轮与连杆形成转动副的拼接

如图2-32所示,连杆11与齿轮2形成转动副。根据所选用盘杆转动轴19的轴颈长度不同,决定是否需用运动构件层面限位套17。

若选用轴颈长度L=35 mm的盘杆转动轴19,则可组成双联齿轮,并与连杆形成转动副,如图2-33所示;若选用L=45 mm的盘杆转动轴19,同样可以组成双联齿轮,与前者不同的是要在盘杆转动轴19上加装一个运动构件层面限位套17。

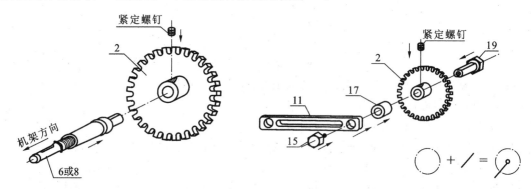

图 2-31　齿轮与轴的拼接图　　　　　图 2-32　齿轮与连杆形成转动副的拼接

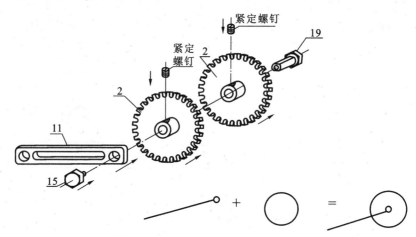

图 2-33　双联齿轮与连杆形成转动副的拼接

8.齿条导向板与齿条、齿条与齿轮的拼接

如图2-34所示,当齿轮相对齿条啮合时,若不使用齿条导向板,则齿轮在运动时会脱离齿条。为避免此种情况发生,在拼接齿轮与齿条啮合运动方案时,需先选用两根齿条导向板23、螺栓与螺母21按图2-34所示方法进行拼接,然后再将齿轮与齿条进行啮合拼接。

9.凸轮与轴的拼接

按图2-35所示方式拼接好后,凸轮1与轴6或轴8成为一个构件。

若不用内六角紧定螺钉将凸轮固定在轴上而选用带垫片螺栓15旋入轴端面的螺孔内,则凸轮相对轴转动。

10.凸轮高副的拼接

如图2-36所示,首先将轴6或轴8与机架相连,然后分别将凸轮1、从动件连杆11拼接到

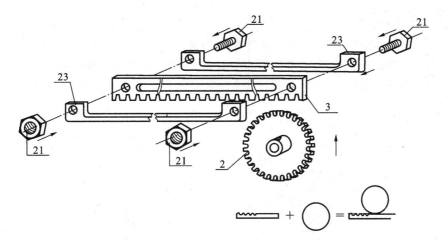

图 2-34　齿轮导向板与齿条、齿条与齿轮的拼接

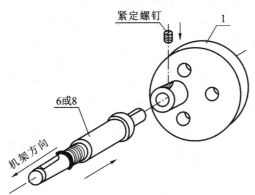

图 2-35　凸轮与轴的拼接

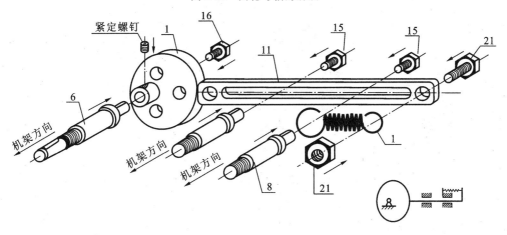

图 2-36　凸轮高副的拼接

相应的轴上去,并用内六角螺钉将凸轮紧定在轴 6 上,凸轮 1 与轴 6 形成一个运动构件,将带垫片螺栓 15 旋入轴 8 端面的螺孔中,连杆 11 相对轴 8 作往复移动。高副锁紧弹簧的小耳环用零件 21 固定在从动杆连杆上,大耳环的安装方式可根据拼接情况自定。注意:弹簧的大耳环安装好后,弹簧不能随运动构件转动;否则,弹簧会被缠绕在转轴上而不能正常工作。

　　提示:用于支承连杆的两轴间的距离应与连杆的移动距离(凸轮的最大升程为 30 mm)相匹配。欲使凸轮相对轴的安装更牢固,还可在轴端面的内螺孔中加装压紧螺栓 15。

11.曲柄双连杆部件的使用

如图 2-37 所示,曲柄双连杆部件 22 是由一个偏心轮和一个活动圆环组合而成的。在拼接类似蒸汽机机构运动方案时,需要用到曲柄双连杆部件,否则构件的运动会产生干涉。欲将一根连杆与偏心轮形成同一构件,可将该连杆与偏心轮固定在同一根轴 6 或轴 8 上。

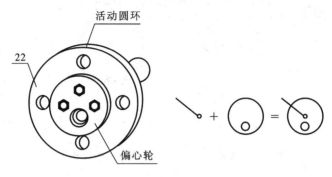

图 2-37　曲柄双连杆部件的使用

12.滑块导向杆相对机架的拼接

如图 2-38 所示,将两根轴 6 或 8 分别插入滑块 28 的轴孔中,并使两根轴的轴颈平面位于同一条水平面上,用平垫片、防脱螺母 34 将轴 6 或 8 固定在机架 29 上,将滑块导向杆 11 通过压紧螺栓 16 固定在轴 6 或轴 8 的轴颈上。这样,滑块导向杆 11 与机架 29 成为一个构件。

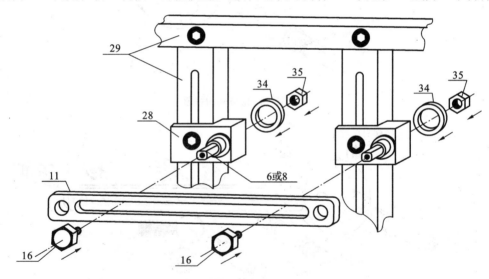

图 2-38　滑块导向杆相对机架的拼接

三、实验设备及工具

(1)机构运动方案创新设计实验台:其旋转电动机(10 r/min)安装在实验台机架底部,并可沿机架底部的直线槽移动,电动机上连有交流 220 V、50 Hz 的电源线及插头,连线上串接有电源开关;其零部件清单参见表 2-5。

(2)工具:M5、M6、M8 内六角扳手,6 in 或 8 in 活动扳手,1 m 卷尺,笔和纸。

四、实验内容

(1)熟悉实验设备的零件组成及功用。

(2)自拟机构运动方案或选择本书中提供的机构运动方案作为拼接实验内容。

(3)将拟定的机构运动方案根据机构组成原理按杆组进行正确拆分,并用机构运动简图表示。

(4)拼装机构运动方案,并记录由实验得到的机构运动学尺寸。

五、实验步骤

(1)认识实验台提供的各种传动机构的结构及传动特点。

(2)确定执行构件的运动方式(如回转运动、间歇运动等)。

(3)设计或选择所需要的机构。

(4)看懂该机构的装配图和零部件结构图。

(5)找出有关零部件,并按装配图进行安装。

(6)机构运动正常后,用手拨动机构,检查机构运动是否正常。

(7)实验完毕后,拆下构件,放回原处。

六、实验报告

(1)绘制实际拼装的机构运动方案简图,并在简图中标识实测所得的机构运动学尺寸,简要说明其结构特点、工作原理和使用场合。

(2)简要说明拼接过程中所遇到的问题,以及解决问题的方法和建议。

(3)根据所拆分的杆组,按不同的顺序排列杆组,可能组合的机构运动方案有哪些?要求用机构运动简图表示出来,就运动传递情况作方案比较,并简要说明之。

(4)利用不同的杆组进行机构拼接时,得到了哪些有创意的机构运动方案?用机构运动简图示意创新机构运动方案。

表 2-5　机构运动方案创新设计实验台零部件清单

序号	名　称	图示及图号	规格	数量	使用说明	钢印号(钢印号尾数对应于使用层面数)
1	凸轮,高副锁紧弹簧	(a) JYF10　(b) JYF19	推程:30 mm;回程:30 mm	各4	凸轮推/回程均为正弦加速度运动规律,配有 M6 内六角平端紧定螺钉4个	1

序号	名　称	图示及图号	规格	数量	使 用 说 明	钢印号（钢印号尾数对应于使用层面数）
2	齿轮	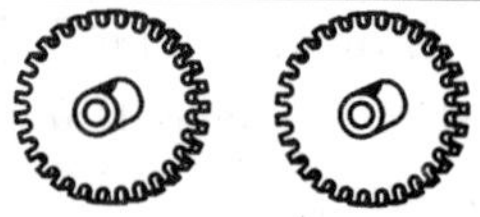 (a)JYF8　(b)JYF7	标准直齿轮 $z=34$；$z=42$	4 4	配有 M6 内六角平端紧定螺钉 8 个	2-1 2-2
3	齿条	 JYF9	标准直齿轮	4	—	3
4	槽轮拨盘	 JYF11-2	—	1	配有 M6 内六角平端紧定螺钉 1 个	4
5	槽轮	 JYF11-1	四槽	1	配有 M6 内六角平端紧定螺钉 1 个	5
6	主动轴	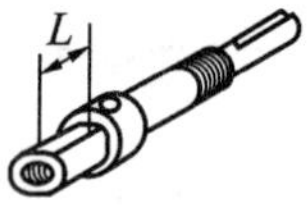 JYF5	$L=\begin{cases}5 \text{ mm} \\ 20 \text{ mm} \\ 35 \text{ mm} \\ 50 \text{ mm} \\ 65 \text{ mm}\end{cases}$	4 4 4 4 2	—	6-1 6-2 6-3 6-4 6-5
7	转动副轴（或滑块）-3	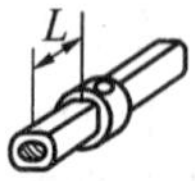 JYF25	$L=\begin{cases}5 \text{ mm} \\ 15 \text{ mm} \\ 30 \text{ mm}\end{cases}$	6 4 3	—	7-1 7-2 7-3
8	扁头轴	 JYF6-2	$L=\begin{cases}5 \text{ mm} \\ 20 \text{ mm} \\ 35 \text{ mm} \\ 50 \text{ mm} \\ 65 \text{ mm}\end{cases}$	16 12 12 10 8	—	8-1 8-2 8-3 8-4 8-5
9	主动滑块插件	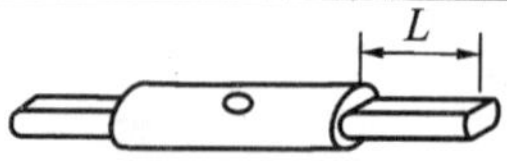 JYF42	$L=\begin{cases}30 \text{ mm} \\ 45 \text{ mm}\end{cases}$	1 1	与主动滑块座固连，作为输入直线往复运动的主动构件	9-1 9-2
10	主动滑块座光槽片	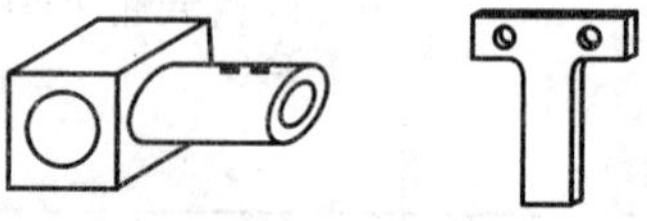 (a) JYF37　(b) JYF41	—	各1	光槽片已与主动滑块座固连；主动滑块座用 M6 的螺钉与直线电动机齿条固连；配 M6 内六角平端紧定螺钉 2 个，配 M6×10 内六角螺钉 4 个	10

续表

序号	名 称	图示及图号	规格	数量	使 用 说 明	钢印号 (钢印号尾数对应于使用层面数)
11	连杆 (或滑块 导向杆)	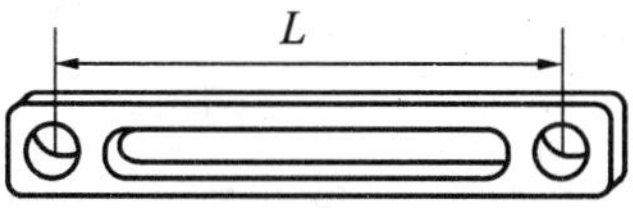 L JYF16	$L=\begin{cases}50\ mm\\100\ mm\\150\ mm\\200\ mm\\250\ mm\\300\ mm\\350\ mm\end{cases}$ 	8 8 8 8 8 8 8	—	11-1 11-2 11-3 11-4 11-5 11-6 11-7
12	压紧连杆 用特制垫片	 JYF23	$\phi6.5$	16	将连杆固定在主动 轴或固定轴上时使用	12
13	转滑副轴 (或滑块) -2	 L JYF20	$L=\begin{cases}5\ mm\\20\ mm\end{cases}$	各8	与 20 号件配用,可 与连杆在固定位置形 成转动副	13-1 13-2
14	转动副轴 (或滑块) -1	 JYF12-1	—	16	两构件形成转动副 时用作滑块时用	14
15	带垫片螺栓	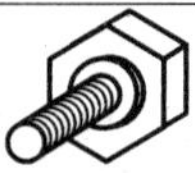 JYF14	M6	48	用于加长转动副轴 或固定轴的轴长	15
16	压紧螺栓	 JYF13	M6	48	与转动副轴或固定 轴配用	16
17	运动构件 层面限位套	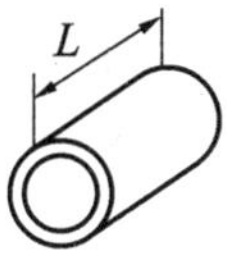 L JYF15	$L=\begin{cases}5\ mm\\15\ mm\\30\ mm\\45\ mm\\60\ mm\end{cases}$	35 40 20 20 10		17-1 17-2 17-3 17-4 17-5
18	电动机皮带 轮主动轴, 皮带轮,皮带 张紧轮	 (a)JYF36  (b)JYF45  (c)JYF27	—	3 3 6	电动机皮带轮已安 装在旋转电动机轴上	18-1 18-2
19	盘杆 转动轴	 JYF24	$L=\begin{cases}20\ mm\\35\ mm\\45\ mm\end{cases}$	6 6 4	盘类零件与连杆形 成转动副时用	19-1 19-2 19-3

序号	名 称	图示及图号	规格	数量	使 用 说 明	钢印号（钢印号尾数对应于使用层面数）
20	固定转轴块	 JYF22	—	8	与 13 号零件配用	20
21	螺栓 特制螺母	 JYF21	M10	各 10	用于两连杆的连接固定形成凸轮高副的弹簧	21
22	曲柄 双连杆部件	 JYF17	组合件	4	配有 M6 内六角平端紧定螺钉 4 个	22
23	齿条导向板	 JYF18	—	8	配有固连齿条与齿条导向板的 M10 螺栓及特制 M10 螺母 4 套	23
24	转滑副轴	 JYF12-2	—	16	扁头轴与一构件形成转动副,圆头轴与另一构件形成滑动副	24
25	与直线电动机齿条啮合的齿轮用轴	 JYF28	—	1	配有 M14 螺母 1 个,与 26 号零件配用	25
26	与直线电动机齿条啮合的齿轮	 JYF29	$z=51$	1	配有 M6 内六角平端紧定螺钉 1 个,与 25 号零件配用	26
27	安装电动机座行程开关座用内六角螺栓/平垫	标准件	M8×30,ϕ18	各 20	与 T 形螺母配用	27
28	滑块	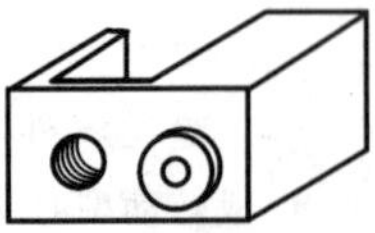 JYF33 JYF34	—	64	已用 M6 内六角螺钉连接在立柱上	28

序号	名　　称	图示及图号	规　　格	数量	使用说明	钢印号 （钢印号尾数对应 于使用层面数）
29	实验台机架	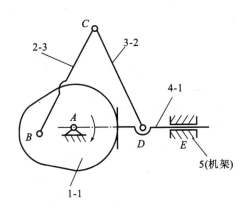JYF31	—	4	机架内可移动立柱 5 根	
30	立柱垫圈	JYF44	$\phi9$	40	已用 M8 内六角螺 钉将立柱垫圈连接在 机架上	

附录一　传动机构示意图

本实验中应用到的机构示意图如图 2-39 至图 2-48 所示，图中尺寸单位为 mm。

图 2-39　实现给定轨迹的机构

（$\overline{AB}=30$(凸轮代)，$\overline{BC}=180$，$\overline{CD}=240$，
$\overline{DE}=155$，B 处用长为 35 mm 的盘杆转动副轴；
或　$\overline{AB}=32$，$\overline{BC}=128$，$\overline{CD}=118$，$\overline{DE}=25$）

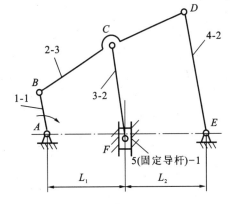

图 2-40　压包机

（$\overline{AB}=58$，$\overline{BC}=140$，$\overline{CD}=160$，$\overline{DE}=183$，$\overline{CF}=160$，
$\overline{AE}=292$，$L_1=215$，$L_2=77$）

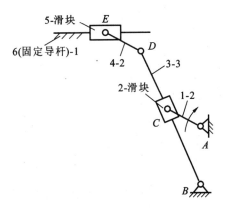

图 2-41　刨床导杆机构

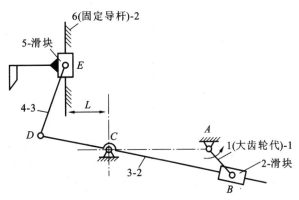

图 2-42　插床的插削机构

（$\overline{AB}=25$，$\overline{CD}=60$，$\overline{DE}=240$，$\overline{AC}=117$，$l=44$ 或 35）

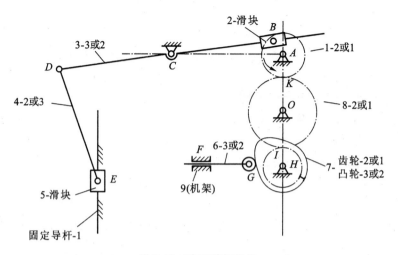

图 2-43　冲压送料机构

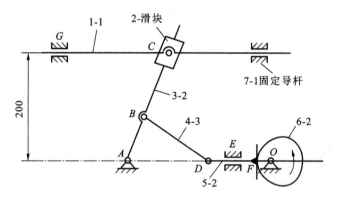

图 2-44　自动车床送料机构

$(\overline{DF}=30(凸轮代),\overline{DF}=250,\overline{DB}=70,\overline{AB}=80,\overline{BC}=170)$

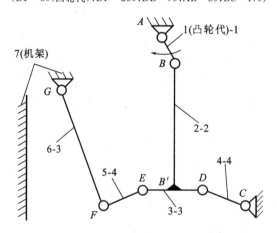

图 2-45　颚式破碎机

$(\overline{AB}=30,\overline{BB'}=240,\overline{EF}=\overline{ED}=100$ 或 $110,\overline{GF}=300,$

$\overline{AG_x}=118,\overline{AG_y}=35,\overline{AC_x}=174,\overline{AC_y}=266)$

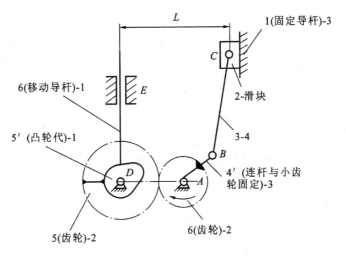

图 2-46　内燃机

$(\overline{AB}=50, \overline{BC}=206, L=87)$

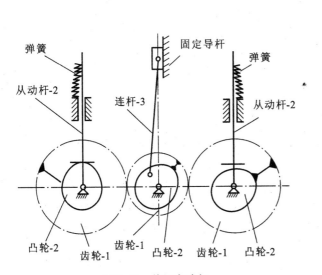

图 2-47　单缸汽油机

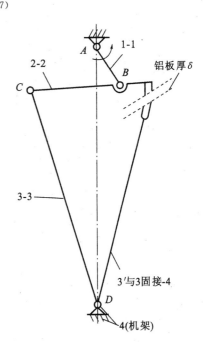

图 2-48　飞剪

$(\overline{AB}=32, \overline{BC}=60, \overline{CD}=170, \overline{AD}=200,$

或 $\overline{AB}=35, \overline{BC}=170, \overline{CD}=155, \overline{AD}$

$=220)$

第3章
机械的力分析实验

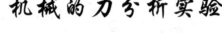

实验一 刚性转子动平衡

一、实验目的

(1)巩固和验证刚性回转体动平衡理论与方法。
(2)掌握用单支点动平衡机进行刚性回转体动平衡的原理和方法。
(3)掌握平衡精度的基本概念。

二、实验原理

当机构不对称、质量分布不均匀或制造安装存在偏差等时,转子的质心偏离其回转轴线,在转子转动时将产生离心惯性力,增大转动副的摩擦力和构件中的内应力,这些惯性力的大小和方向呈周期性变化,引起机器及其基础产生强迫振动。机械平衡的目的是设法将构件不平衡的惯性力矩加以平衡,消除或尽量减少惯性力或惯性力矩的的不良影响,改善机械的工作性能,延长机械的使用寿命。机械的平衡问题在设计高速、重型及精密机械时具有特别重要的意义。

三、实验内容

(1)巩固和验证刚性回转体动平衡理论与方法。
(2)掌握用单支点动平衡机进行刚性回转体动平衡的原理和方法。
(3)观察分析转子不平衡工作和未达到平衡要求的机器的运转情况。

四、实验设备

(1)动平衡实验台。
(2)刚性转子试件。

（3）平衡配重块。

（4）扳手、螺丝刀。

（5）百分表。

五、设备说明

动平衡实验台结构及工作原理如下所述。

1. 动平衡实验台的结构

动平衡实验台外观如图 3-1 所示，其原理结构图如图 3-2 所示，待平衡的的试件 3 安放在框形摆架 1 的支承滚轮上，摆架 1 的左端固接在工字形板簧座 2 中，右端呈悬臂状。电动机 9 通过 V 带轮 10 带动试件 3 旋转；当试件存在不平衡时，则产生离心惯性力使摆架绕工字型板簧上下周期性地振动，通过百分表 5 观察振幅的大小。

通过转子的旋转和摆架的振动，可测出试件的不平衡量的大小和方向。这个测量系统由差速器 4 和补偿盘 6 组成。差速器安装在摆架的右端，它的左端为转动输入端（n_1），通过柔性联轴器与试件 3 连接；右端为输出端（n_2），与补偿盘 6 相连接。

图 3-1　动平衡实验台外观

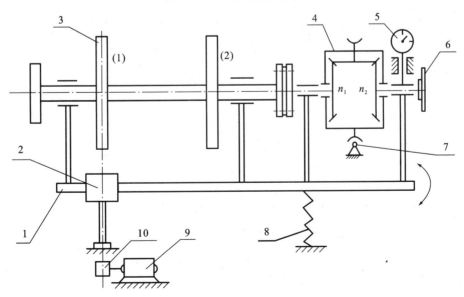

图 3-2　动平衡实验台原理结构图

1—摆架；2—工字形板簧座；3—试件；4—差速器；5—百分表；6—补偿盘；7—蜗杆；8—弹簧；9—电动机；10—V 带轮

差速器由 3 个齿数相同的圆锥齿轮和转臂为 H 的蜗轮组成,即有

$$z_1 = z_2 = z_3 \tag{3-1}$$

(1)当差速器的转臂蜗轮不动时,杆系 H 的转速为 0,即 $n_H = 0$,差速器变为定轴轮系,传动比为

$$i_{12} = \frac{n_1}{n_2} = -\frac{z_2}{z_1} = -1, \quad n_1 = -n_2 \tag{3-2}$$

这时补偿盘 6 的转速 n_2 与试件 3 的转速 n_1 大小相等,但方向相反。

(2)当 n_1 和 n_H 都转动时,差速器为周转轮系,周转轮系的传动比计算公式为

$$i_{12}^{H} = \frac{n_1 - n_H}{n_2 - n_H} = -\frac{z_2}{z_1} = -1, \quad n_2 = 2n_H - n_1 \tag{3-3}$$

蜗轮的转速 n_H 是经过蜗杆蜗轮传动机构在大传动比减速后得到的,应小于圆锥齿轮 1 的转速 n_1。当蜗轮转动方向 n_H 与圆锥齿轮转动方向 n_1 相同时,$n_2 < n_1$,圆锥齿轮 2 的方向不变,但转速减少;当 n_1 与 n_H 的转动方向相反时,圆锥齿轮 2 的转动方向还是不变,与圆锥齿轮 1 的转动方向相反,但转速增大。由此可见,当手柄的转速为零,即蜗杆不动时,补偿盘的转速与试件的转速大小相等,转向相反;当蜗轮的转动方向与试件的转动方向相同时,补偿盘减速;蜗轮的转动方向与试件的转动方向相反时,补偿盘增速,这样可以改变补偿盘与试件之间的相对相位角(角位移)。

2.动平衡实验台工作原理

由于转子材料的不均匀性、制造的误差、结构的不对称性等因素,转子存在不平衡质量,当转子旋转后会产生离心惯性力,形成一个空间力系,使转子不平衡。要使转子达到平衡的条件,须满足空间力系的平衡条件,即

$$\begin{cases} \sum F = 0 \\ \sum M = 0 \end{cases} \quad \text{或} \quad \begin{cases} \sum F_x = 0 \\ \sum F_y = 0 \\ \sum M = 0 \end{cases} \tag{3-4}$$

当试件上有不平衡的质量存在时,如图 3-3 所示,试件转动后产生离心惯性力 $F = ma_n = mr\omega^2$,它可分解为水平方向的分力 F_x 和垂直方向的分力 F_y,由于平衡机的工字型板簧和摆架在水平方向(绕 y 轴)抗弯刚度大,故水平分力对摆架的振动影响小,可不考虑;而在垂直方向(绕 x 轴)的抗弯刚度小,因此在垂直分力产生的力矩作用下,摆架产生周期性的上下振动。

由垂直分力产生的惯性力矩为

$$M = F_y L = mr\omega^2 L\cos\varphi \tag{3-5}$$

由摆架产生的惯性力矩为

$$M_1 = 0, \quad M_2 = m_2 r_2 \omega^2 l_2 \cos\varphi_2 \tag{3-6}$$

要使摆架不振动必须加上平衡力矩 M_2。在选择试件盘作为平衡平面,加平衡质量 m_p,则绕 x 轴的惯性力矩 $M_p = m_p r_p \omega^2 l_p \cos\varphi_p$。要使这些力矩得到平衡,则

$$\left. \begin{array}{l} \sum \overline{M}_A = 0, M_2 + M_p = 0 \\ m_2 r_2 \omega^2 l_2 \cos\varphi_2 + m_p r_p \omega^2 l_p \cos\varphi_p = 0 \end{array} \right\} \tag{3-7}$$

消去 ω 得

$$m_2 r_2 l_2 \cos\varphi_2 + m_p r_p l_p \cos\varphi_p = 0$$

要使上式成立,即摆架不动,必须满足:

$$m_2 r_2 l_2 = m_p r_p l_p \left.\begin{matrix} \\ \end{matrix}\right\} \quad (3\text{-}8)$$
$$\cos\varphi_2 = -\cos\varphi_p = \cos(180° + \varphi_p)$$

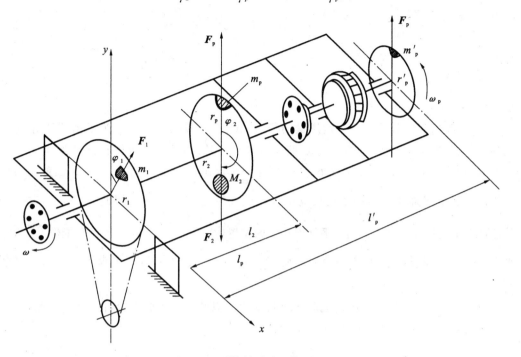

图 3-3　刚性转子动平衡原理图

　　转子不平衡质量的分布具有很大的随机性,无法直观判断它的大小和相位,很难用公式来计算平衡量,但可用实验的方法来解决,其方法如下。

　　选用补偿盘作为平衡平面,补偿盘的转速与试件的转速大小相等但方向相反,这时的平衡条件也可按上述方法来求得。在补偿盘上加一个质量为 m'_p 的补偿盘,由其所产生的惯性力对 x 轴的力矩为

$$M'_p = m'_p r'_p \omega^2 l'_p \cos\varphi'_p \quad (3\text{-}9)$$

根据力系平衡条件:

$$\sum \overline{M}_A = 0, M_2 + M'_p = 0 \left.\begin{matrix} \\ \end{matrix}\right\}$$
$$m_2 r_2 l_2 \cos\varphi_2 + m'_p r'_p \omega^2 l'_p \cos\varphi'_p = 0 \quad (3\text{-}10)$$

要使式(3-10)成立,要求有

$$m_2 r_2 l_2 = m'_p r'_p l'_p \left.\begin{matrix} \\ \end{matrix}\right\}$$
$$\cos\varphi_2 = -\cos\varphi'_p = \cos(180° + \varphi'_p) \quad (3\text{-}11)$$

用补偿盘作为平衡平面来实现摆架的平衡可按如下方法操作。在补偿盘的任何位置(最好选择在靠近边缘处)试加一个适当的质量,在试件旋转的状态下摇动蜗杆手柄使蜗轮转动(正转或反转),这时补偿盘减速或加速转动;同时观察百分表的振幅,使其达到最小,这时停止转动手柄。停机后在原位置再加一些平衡质量,再开机左右转动手柄,如果振幅很小,可认为摆架已达平衡。最后将调整好的平衡质量转到最高的位置,这时的垂直轴平衡就是 m'_p 和 m_2 同时存在的轴平面。

　　摆架平衡不等于试件平衡,还必须把补偿盘上的质量转到试件的平衡面上,选试件圆盘 2 为待平衡面,根据平衡条件 $m_p r_p l_p = m'_p r'_p l'_p$,有

$$m_{\mathrm{p}}r_{\mathrm{p}}=m'_{\mathrm{p}}r'_{\mathrm{p}}\frac{l'_{\mathrm{p}}}{l_{\mathrm{p}}} \tag{3-12}$$

或

$$m_{\mathrm{p}}=m'_{\mathrm{p}}\frac{l'_{\mathrm{p}}r'_{\mathrm{p}}}{l_{\mathrm{p}}r_{\mathrm{p}}} \tag{3-13}$$

若取$\dfrac{l'_{\mathrm{p}}r'_{\mathrm{p}}}{l_{\mathrm{p}}r_{\mathrm{p}}}=1$,有

$$m_{\mathrm{p}}=m'_{\mathrm{p}} \tag{3-14}$$

式中:$m'_{\mathrm{p}}r'_{\mathrm{p}}$为所加的补偿盘上平衡质量的径积;$m'_{\mathrm{p}}$为平衡块质量,$r'_{\mathrm{p}}$为平衡块所处位置的半径;$l_{\mathrm{p}}$、$l'_{\mathrm{p}}$为平衡面至板簧的距离。这些参数都是已知的,这样就求得在待平衡面2上应加的平衡质量径积$m'_{\mathrm{p}}r'_{\mathrm{p}}$。一般情况下,先选择半径$r$求出$m$加到平衡面2上,其位置在$m'_{\mathrm{p}}$最高位置的垂直轴平面中。本动平衡机及试件在设计时已取$\dfrac{l'_{\mathrm{p}}r'_{\mathrm{p}}}{l_{\mathrm{p}}r_{\mathrm{p}}}=1$,因此$m_{\mathrm{p}}=m'_{\mathrm{p}}$,这样可取下补偿盘上平衡块$m'_{\mathrm{p}}$直接加到待平衡面相应的位置,这样就完成了第一步平衡工作$\sum\overline{M}_A=0$。根据力系平衡条件(3-10),还必须完成使$\sum\overline{M}_B=0$的平衡工作,才能使试件达到完全的平衡。

具体方法为:将试件从平衡机上取下重新安装成以圆盘2为驱动轮,再按上述方法求出平衡面1上的平衡质量径积$m_{\mathrm{p}}r_{\mathrm{p}}$或平衡质量$m_{\mathrm{p}}$,这样整个平衡工作就全部完成了。

六、实验步骤

(1)将平衡试件装到摆架的滚轮上,把试件右端的联轴器盘与差速器轴端的联轴器盘用弹性柱销连成一体,装上传动V带。

(2)用手转动试件和摇动蜗杆上的手柄,检查动平衡机各部分转动是否正常。松开摆动架最右端的两对锁紧螺母,调节摆架上面安放在支承杆上的百分表,使之与摆架有一定的接触,并随时注意振幅值的变化。

(3)开机前在试件右端圆盘上装上适当的待平衡质量,接上电源启动电动机,待摆架振动稳定后,调整好百分表的位置并记录振幅值的大小y_0(格)(百分表的位置启动后不能再变动),停机。

(4)在补偿盘的槽内距轴心最远处加上一个适当的平衡质量(两块平衡块)。开机后摇动手柄观察百分表振幅变化,百分表振幅最小时停止摇动,记录振幅值的大小y_1和蜗轮位置角β_1(差速器外壳上有刻度指示),在不改变蜗轮位置的情况下停机,按试件转动方向用手转动试件,使补偿盘上的平衡块转到最高的位置。最后,取下平衡块安装到试件的平衡面(圆盘2)中相应的最高位置槽内。实验中,摇动手柄要讲究方法。蜗杆安装在机架上,蜗轮安装在摆架上,两者之间有很大的间隙,蜗杆转动到适当的位置可与蜗轮不接触,这样才能使摆架自由地振动,这时观察的振幅才是正确的。摇动手柄,蜗杆接触蜗轮使蜗轮转动,摆动受阻;反摇手柄使蜗杆脱离蜗轮,摆架自由地振动,再观察振幅。这样间歇性的使蜗轮向前转动,观察振幅值的变化,然后找到振幅最小的位置。

(5)在补偿盘内再加上一点平衡质量(1~2块平衡块),按上述方法再进行一次测试,测得振幅y_2、蜗轮位置角β_2。若$y_2<y_1<y_0$,β_1与β_2相同或略有改变,则表示实验正确;若y_2

已很小,可视为已达到平衡,停机,按步骤(4)所述方法将补偿盘上的平衡块移到试件圆盘 2 上,解开联轴器,再开机让试件自由转动。若振幅依然很小,则第一步平衡工作结束。若还存在一些振幅,可适当地调节一下平衡的相位,即在圆周方向左右移动一个平衡块进行相位和大小微调。

(6)将试件两端 180°对调,这时圆盘 2 为驱动盘,圆盘 1 为平衡面,再按上述方法找出圆盘 1 上应加的平衡量。这样就完成了试件的全部平衡工作。

七、注意事项

(1)动平衡的关键是找准相位,第一次就要把相位找准;当试件接近平衡时相位就不灵敏了,因此 β_1、β_2 是主要位置角。

(2)若试件振动不明显,可人为加上一些不平衡块。

八、思考题

(1)什么是动平衡? 哪些构件需要进行动平衡实验?

(2)为什么在补偿盘所加的平衡质量 m'_p 所处位置应与试件待平衡面上不平衡质量 m_p 位置成 180°?

(3)在补偿盘上加平衡质量实现动平衡后,要按试件转动方向用手转动试件,使补偿盘上的平衡块转到最高位置,取下平衡块安装到试件的平衡面中相应的最高位置槽内,为什么要这样做?

(4)实验台是如何实现补偿盘与试件平衡面转向相反、转速相等的?

(5)试说明转动手柄可改变补偿盘与试件圆盘之间相位角的原理。

机械传动性能参数测试及创意实验

实验一 机械设计创意及综合设计

传动装置是大多数机器的主要组成部分。传动装置在整台机器的质量和成本中都占有很大的比例。机器的工作性能和运转费用也在很大程度上取决于传动装置的优劣。传动装置作为将动力机的运动与动力传递和变换到工作机中的中间环节,其主要功能为:①能量的传递与分配,例如机械能不改变的传动(机械传动)、机械能改变为电能或电能改变为机械能的传动(电传动);②速度的调节与改变;③运动形式的变换等。

机械传动(见表 4-1)在机器中是一种最基本、最常用的传动形式,如摩擦传动、啮合传动等。

表 4-1 机械传动的分类

机械传动分类	直接接触的传动	有中间挠性件的传动
摩擦传动	摩擦轮传动	带传动 绳传动
啮合传动	齿轮传动 蜗杆传动 螺旋传动	链传动 同步带传动

摩擦传动的外廓尺寸大,传动效率低,由弹性滑动导致的打滑等使其传动比不能保持恒定,但由于其运动平稳、无噪声、结构简单、制造及安装方便、成本低等,故仍广泛使用。啮合传动则具有外廓尺寸小、传动效率高、传动比恒定、功率范围广、工作可靠、寿命长但制造成本高、精度低时有振动、噪声大等特点。各种机械传动的主要特性参见表 4-2。

表 4-2 各种机械传动的主要特性

特 性	摩擦传动			啮合传动		
	摩擦轮传动	平带传动	V带传动	齿轮传动	蜗杆传动	链传动
传动效率 $\eta/(\%)$	80~90	94~98	90~96	95~99	50~90	92~98
圆周速度 $v_{max}/(m/s)$	25(20)	60(10~30)	30(10~20)	150(15)	35(15)	40(5~20)
单级传动比 i_{max}	20(5~12)	7(5)	10(7)	8(5)	1 000(8~100)	15(8)

续表

特　性	摩 擦 传 动			啮 合 传 动		
	摩擦轮传动	平带传动	V 带传动	齿轮传动	蜗杆传动	链传动
传动功率 P_{max}/kW	200(20)	3 500(200)	500	40 000	750(50)	3 600(100)
中心距大小	小	大	中	小	小	中
传动比是否准确	否	否	否	是	是	是(平均)
能否过载保护	能	能	能	否	否	否
缓冲、减振能力	因轮质而异	好	好	差	差	有一些
寿命长短	因轮质而异	短	短	长	中	中
噪声	小	小	小	大	小	大
价格(包括轮子)	中等	廉	廉	较贵	较贵	中等

各类机械传动所能传递的功率取决于传动原理、承载能力、载荷分布、工作速度、制造精度、机械效率和发热情况等因素。

一般来说,啮合传动传递功率的能力比摩擦传动传递的高;蜗杆传动工作时发热大,传动的功率不能太大;摩擦轮传动由于必须有足够的压紧力,故在传递同一圆周力时,其压轴力比齿轮传动的大,一般用在小功率的传动中;在链传动和带传动中,为了增大传递的功率,需增大链条和带的截面积或列数(条数),使得尺寸加大,承受载荷不均匀等。而齿轮传动优于以上各种传动,故其应用广泛。

机械传动中,传动效率 η(通常用百分比"%"表示)表示能量的利用程度,是评定机械传动质量的主要指标之一。在机械传动中,功率的损失主要是由轴承摩擦、传动零件间的相对滑动和搅动润滑油等导致的,所损失的能量大部分转化为热量。如果能量损失过大,这将会使工作温度过高甚至超过允许的限度,导致传动失效。

不同的传动形式在传递同样的功率时,通过传动零件作用到轴上的压力也不同,压轴力在很大的程度上决定着传动的摩擦损失和轴承寿命。对于作用在轴上的压轴力,摩擦轮传动的最大,带传动的次之,斜齿轮及蜗杆传动的再次之,链传动、直齿轮和人字齿轮传动的最小。

机器的传动装置机器可以做成单级的或多级的,也可由多种传动装置组成。

在单流多级机械传动系统中,传动系统的总传动效率等于各级传动效率的连乘积。在各种机械传动中,传动效率由高到低一般为:齿轮传动,链传动,带传动,蜗杆传动。

一、实验目的

(1)掌握转速、转矩、传动功率、传动效率等机械传动性能参数测试的基本方法。

(2)通过实验了解各种单级机械传动装置的特点,对各种单级机械传动装置的传动功率大小范围有定量的认识。

(3)通过实验了解带传动中的弹性滑动现象、打滑现象及其与带传动工作能力之间的关系。

(4)通过实验了解链传动的动态特性(多边形效应)及其对链传动的影响。

(5)了解 ZJS50 系列综合设计型机械设计实验装置的基本构造及其工作原理。

二、实验原理

1. 传动效率 η 及其测定方法

传动效率 η 表示能量的利用程度。在机械传动中,输入功率 P_i 应等于输出功率 P_0 与损耗功率 P_f 之和,即

$$P_i = P_0 + P_f \tag{4-1}$$

式中:P_i 为输入功率(kW);P_0 为输出功率(kW);P_f 为损耗功率(kW)。

传动效率 η 定义为

$$\eta = \frac{P_0}{P_i} \tag{4-2}$$

由力学知识,轴传递的功率可按轴的角速度和作用于轴上的力矩由下式求得

$$P = M\omega = \frac{2\pi n}{60 \times 1\,000}M = \frac{\pi n}{30\,000}M \tag{4-3}$$

式中:P 为轴传递的功率(kW);M 为作用在轴上的力矩(N·m);ω 为轴的角速度(rad/s);n 为轴的转速(r/min)。

传动效率 η 可改写为

$$\eta = \frac{M_0 N_0}{M_i n_i} \tag{4-4}$$

因此,利用仪器测出机械传动装置的输入转矩、转速以及输出转矩、转速,由式(4-4)可计算出传动装置的传动效率 η。

在本实验中,采用转矩转速传感器来测量输入转矩、转速以及输出转矩、转速。

2. 带传动的滑动率测定及预紧力控制与测定

带传动是以带作为挠性件并借助带与带轮间的摩擦力来传递运动和动力的一种摩擦传动,其主要特点是能缓和冲击、吸收振动、运转平稳、噪声小、结构简单,过载时引起带与带轮间的相对滑动(即打滑),具有过载保护作用,适用于中心距大、同向转动的场合。由于带传动工作时存在弹性滑动,这使其传动效率低,造成速度损失,而不能保持准确的传动比,且带传动的外廓尺寸大,工作前需张紧,轴上受到压轴力,故一般用在高速场合。

1)带传动的弹性滑动、打滑现象及其滑动率的测定

带是弹性体,在工作时,带受到拉力后产生弹性变形,由于紧边和松边的拉力不同,在受力不同时其变形(伸长)量不等,形成拉力差及相应的变形差,造成带绕过带轮时在摩擦力的作用下,在主动轮部位出现带轮的线速度大于带的线速度,而在从动轮部位则出现带轮的线速度小于带的线速度。这种由于带的弹性变形引起的带与带轮间的滑动称为带的弹性滑动。因为带传动是摩擦传动,摩擦力是带传动所必需的,因此,弹性滑动是带传动正常工作时固有的特性。

带的弹性滑动通常用滑动率 ε 来表示,其定义为

$$\varepsilon = \frac{v_1 - v_2}{v_1} = \frac{n_1 D_1 - n_2 D_2}{n_1 D_1} \tag{4-5}$$

式中:v_1、v_2 为主、从动轮的圆周速度(m/s);n_1、n_2 为主、从动轮的转速(r/min);D_1、D_2 为主、从动轮的直径(mm)。

当测得带传动的主、从动轮的转速和带轮的直径,即可通过式(4-5)计算出带传动的滑

动率。

带传动的滑动率一般为 1%～2%,当 ε>3% 时,带传动即将开始打滑。

带传动工作过程中,当载荷达到最大有效拉力时,如果工作载荷进一步增大,带与带轮将发生显著的相对滑动,即产生打滑。打滑时的磨损急速加剧,传动效率下降,从动轮转速降低甚至停止转动,使传动失效。打滑现象对于正常工作的带传动是不希望发生的,应当避免(用作过载保护装置除外)。

带传动的主要失效形式是带的磨损、疲劳破坏和打滑。带的磨损是由于带与带轮间的弹性滑动引起的,是不可避免的。带的疲劳破坏是由于带在工作中受到变应力的作用引起的,与带传动的载荷大小、工作状况、运行时间、带轮直径等因素有关。带的打滑是由于带所受的载荷超过允许的工作极限能力而产生的,是可以避免的。

2) 带的预紧力控制与测定

带传动在工作之前需作预紧,预紧力的大小是否合适是保证带传动能否正常工作的重要条件。如果预紧力太小,带与带轮间的摩擦力小,带的工作能力得不到充分发挥,运转时容易发生打滑和跳动;但当预紧力过大,带的磨损加剧,以致过快松弛,轴和轴承上的压力增大,缩短带的工作寿命。

单根 V 带最合适的预紧力按下式计算:

$$F_0 = 500 \frac{P_{ca}}{zv}\left(\frac{2.5}{K_a}-1\right)+qv^2 \quad (N) \tag{4-6}$$

式中:K_a 为小带轮的包角修正系数;P_{ca} 为设计计算功率(kW);z 为 V 带的根数;q 为 V 带每米长的质量(kg/m);v 为带的速度(m/s)。

在带传动中,为了测定预紧力 F_0,通常是在带与带轮间的切边中点处加一垂直于带边的载荷 G,使其产生规定的挠度 f(使切边长每 100 mm 产生 1.6 mm 的挠度 f)来控制,如图 4-1 所示。

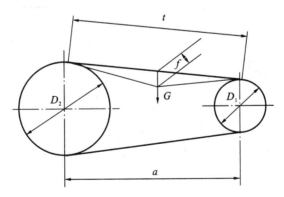

图 4-1 带传动的预紧力控制

输入法中切边长 t 可以实测,或用式(4-7)计算:

$$t = \sqrt{a^2 - \frac{(D_2-D_1)^2}{4}} \quad (mm) \tag{4-7}$$

式中:a 为两轮中心距(mm)。

切边长 t 在载荷 G 作用下产生的挠度 f 为

$$f = \frac{1.6t}{100} \quad (mm) \tag{4-8}$$

载荷 G 值由式(4-9)至式(4-11)计算。

(1)新安装的 V 带:

$$G=\frac{1.5F_0+\Delta F_0}{16}\quad(\text{N})\qquad(4\text{-}9)$$

(2)运转后的 V 带:

$$G=\frac{1.3F_0+\Delta F_0}{16}\quad(\text{N})\qquad(4\text{-}10)$$

(3)最小极限值:

$$G=\frac{F_0+\Delta F_0}{16}\quad(\text{N})\qquad(4\text{-}11)$$

式(4-9)至式(4-11)中,ΔF_0 为预紧力修正值(N),参见表4-3。

表 4-3　V 带的预紧力修正值 ΔF_0　　　　单位:N

带　　型		ΔF_0
普通 V 带	Y	6
	Z	10
	A	15
	B	20
	C	29
	D	59
	E	108

G 值也可参考表4-4,其中 G 值的上限用于新 V 带。

表 4-4　测定预紧力所需的垂直力 G　　　　单位:N/根

带　　型		小带轮直径 D_1/mm	带速 v/(m/s)		
			0~10	10~20	20~30
普通 V 带	Z	50~100	5~7	4.2~6	3.5~5.5
		>100	7~10	6~8.5	5.5~7
	A	75~140	9.5~14	8~12	6.5~10
		>140	14~21	12~18	10~15
	B	125~200	18.5~28	15~22	12.5~18
		>200	28~42	22~33	18~27
	C	200~400	36~54	30~45	25~38
		>400	54~85	45~70	38~56
	D	355~600	74~108	62~94	50~75
		>600	108~162	94~140	75~108
	E	500~800	145~217	124~186	100~150
		>800	217~325	186~280	150~225

三、实验设备

ZJS50 系列综合设计型机械设计实验装置。

四、设备说明

ZJS50 系列综合设计型机械设计实验装置如图 4-2 所示。该实验装置是一种模块化的、多功能、开放式的,具有工程背景的教学与科研兼用的新型机械设计综合实验装置,主要由动力模块(库)、传动模块(库)、支承连接及调节模块(库)、加载模块(库)、测试模块(库)、工具模块(库)及控制与数据处理模块(库)等组成。通过对各模块(库)的选择及装置搭接,可进行带传动、链传动、齿轮传动、蜗杆传动等典型的单级机械传动装置性能测试,以及其他新型传动装置性能测试等的基本型实验,开展多级组合机械传动装置性能测试等的基本实验,如带-齿轮传动实验、齿轮-链传动实验、带-链传动实验、带-齿轮-链传动实验等多种组合传动系统的性能比较、布置优化等综合设计型实验及分析、研究相关参数变化对机械传动系统特性的影响、机械传动系统方案评价等研究创新型实验。

(a)

(b)

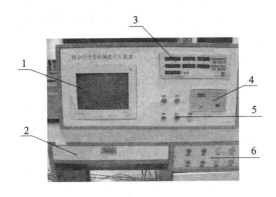
(c)

图 4-2　实验台

(a)齿轮传动效率测试实验台;(b)带传动效率测试实验台;(c)控制实验台

1—计算机显示器;2—键盘;3—JX-1 机械效率仪;4—稳流电源;
5—主电动机控制按钮及指示灯;6—传感器电动机控制按钮及指示灯

实验装置的基本组成如下。

1. 动力模块(库)

(1)Y90L-4 电动机:额定功率为 1.5 kW;同步转速为 1500 r/min;额定电压下,最大转矩与额定转矩之比为 2.3。

(2)MM420-150/3 变频器:用于控制三相交流电动机的速度;输入电压为 342～528 V[(380～480)×(1±10%) V];功率范围为 1.5 kW;输入频率为 47～63 Hz;输出频率为 0～650 Hz;功率因数为 0.98;控制方法包括线性 V/f 控制、带磁通电流控制(FCC)的线性 V/f 控制、平方 V/f 控制、多点 V/f 控制。

2. 传动模块(库)

(1)V 带传动:带及带轮,Z 型带,带轮基准直径 $d_{d1}=d_{d2}=106$ mm。

(2)链传动:链及链轮,链号 08B,链节距 $p=12.7$ mm,链轮齿数 $z_1=z_2=21$。

(3)JSQ-XC-120 齿轮减速器(斜齿):减速比为 1:1.5,齿数 $z_1=38$,$z_2=57$,螺旋角 $\beta=8°16'38''$,中心距 $a=120$ mm,法面模数 $m_n=2.5$。

(4)ZRV063 蜗杆减速器:蜗杆型号 ZA,轴向模数 $m=3.25$,蜗杆头数 $z_1=4$,蜗杆齿数 $z_2=30$,减速比为 1:7.5,中心距 $a=63$ mm;松开弹簧卡圈可改变输出轴的方向。

3. 支承连接及调节模块(库)

基础工作平台、标准导轨、专用导轨,电动机-小传感器垫块 01、02,大传感器垫块 01、02,蜗杆垫块 01、02,磁粉制动器垫块、专用轴承座、新型联轴器、带轮及链轮快速张紧装置,以及各种规格的连接件(如键、螺钉、螺栓、垫片、螺母等)。

4. 加载模块(库)

(1)CZ-5 型磁粉制动(加载)器:额定转矩为 50 N·m,激磁电流为 0.8 A,允许滑差功率为 4 kW。

(2)WLY-IA 稳流电源:输入电压为交流 220×(1±10%)V,50/60 Hz;输出电流为 0～1 A;稳流精度为 1%。

5. 测试模块(库)

(1)实验数据测试及处理软件:实验教学专用软件。

(2)ZJ0D 型转矩转速传感器:额定转矩为 20 N·m;转速范围为 0～10 000 r/min;转矩测量精度为 0.1～0.2 级;转速测量精度为 ±1 r/min。

(3)NJ1D 型转矩转速传感器:额定转矩为 50 N·m;转速范围为 0～6 000 r/min;转矩测量精度为 0.1～0.2 级;转速测量精度为 ±1 r/min。

(4)JX-IA 机械效率仪:转矩测量范围为 0～99 999 N·m,转速测量范围为 0～30 000 r/min。

(5)温度测量仪、振动与噪声测量仪、磨损状态监测仪、直读式铁谱仪、分析式铁谱仪。

6. 工具模块(库)

(1)轴系连接件:各种规格弹性联轴器若干;各种规格连接键若干;各种规格轴端锁紧螺母及垫片若干。

(2)连接轴系:连接轴若干;滚动轴承若干;轴承座若干。

(3)连接螺栓、垫片、螺母:各种规格 T 形连接螺栓、垫片、螺母若干;各种规格普通连接螺栓、垫片、螺母若干。

(4)基础平台若干。

（5）支承平台若干。

（6）调节导轨若干。

（7）中心高调节装置：中心高调节平台若干；调节螺纹、垫片、螺母若干；组合调节套筒若干。

7.控制与数据处理模块（库）

实验装置的控制模块、数据采集处理模块（除传感器外）及加载模块等集中配置于一个分置式实验控制框内。通过对被测实验传动装置的动力、数据采集处理及加载等控制，将传感器采集的实验测试数据通过 A/D 转换器以 RS232 的方式传送到测试模块，再通过测控模块中计算机系统上的专用实验教学软件进行实验数据分析与处理，实验结果可直接在计算机屏幕上显示，或由打印机打印输出实验结果，完成实验。

实验装置的基本结构框图如图 4-3 所示，实验装置的控制原理框图如图 4-4 所示，实验装置的数据采集及加载原理框图如图 4-5 所示。

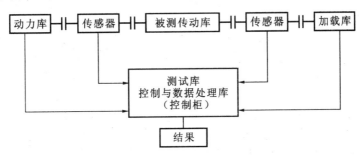

图 4-3 实验装置的基本构造框图

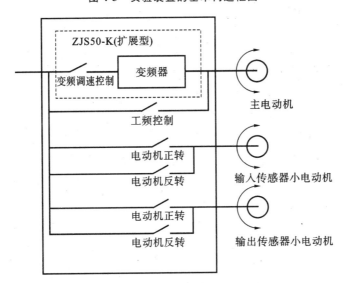

图 4-4 实验装置的控制原理框图

本实验台利用传动模块中不同库件的选择及组合搭配，通过支承连接及调节模块的选择搭接，可构成 17 种实验模型，包括 5 种单级典型机械传动实验台（即带传动实验台、链传动实验台、齿轮传动实验台、蜗杆传动（上置）实验台及蜗杆传动（下置）实验台）和 12 种由带、链、齿轮相互组合的多级组合机械传动系统实验台（如带-齿轮传动实验台、齿轮-链传动实验台、带-链传动实验台、带-齿轮-链-传动实验台等）。

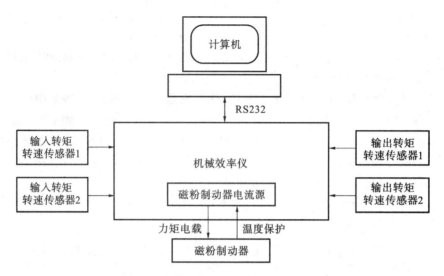

图 4-5 实验装置的数据采集及加载原理框图

五、实验内容

1.摩擦传动性能参数测试实验

(1)观察带传动的弹性滑动及打滑现象。

(2)绘制带传动效率曲线及滑动率曲线。

2.啮合传动性能参数测试实验

(1)绘制蜗杆传动的效率曲线。

(2)绘制齿轮传动的效率曲线。

(3)观察链传动的动态特性(多边形效应),绘制链传动效率曲线。

六、实验步骤

(1)观察相关实验平台的各部分结构,检查实验平台上各设备、电路及各测试仪器间的信号线、连接线是否可靠连接。

(2)用手转动被测传动装置,检查其是否转动灵活及有无阻滞现象。

(3)测试实验数据前,应对测试设备进行调零。调零时,应将传感器负载侧联轴器脱开,启动主电动机,调节 JX-1A 机械效率仪的零点,以保证测量精度;在负载不便脱离时,启动传感器顶部的小电动机,使其转向与实验时传感器输出的转向相反,按下仪器(或实验测试软件)的"清零"键,使仪器转矩为零;停止传感器顶部的小电动机转动,调零结束,即可开始实验。

(4)启动主电动机进行实验数据测试。实验测量应从空载开始(注意:无论进行何种实验,均应先启动电动机后施加载荷,严禁先加载再启动电动机)。在加载时,应平稳旋动 WLY-1A 稳流电源的激磁旋钮,注意输入传感器的最大转矩不应超过其额定值的 120%。

(5)在实验过程中,如果遇到电动机及其他设备的转速突然下降或者出现不正常的噪声、振动、温升时,必须卸载或停机,以防电动机转速突然过高而损坏电动机、设备,防止其他意外事故的发生。

(6)实验完毕后,关闭控制柜主电源及各测试设备电源。

(7)根据实验要求,完成实验报告。

七、思考题

(1)影响带传动的弹性滑动与传动能力的因素有哪些? 它们对传动有何影响?

(2)带传动的弹性滑动现象与打滑现象有何区别? 它们产生的原因是什么?

(3)啮合传动装置的效率与哪些因素有关,为什么?

(4)啮合传动中各种传动类型各有什么特点? 其应用范围如何?

(5)通过实验比较带传动与链传动的主要特点及应用范围。

(6)通过实验讨论摩擦传动与啮合传动的主要特性。

附录一　ZJS50 综合设计型机械设计实验台测试软件简介

运行程序 experimentmachine. exe,进入综合设计型机械设计实验台测试软件(见图 4-6),其菜单栏包含"实验管理"、"变量设置"、"实验报告"、"系统设置"、"帮助"、"退出"等菜单项。

图 4-6　实验台测试软件主页面

1. 系统设置

单击"系统设置"菜单项,弹出"串口设置"、"参数设置"与"机械效率仪调零"等子菜单项。

(1)串口设置。

单击"系统设置"下的"串口设置"子菜单,进入"串口参数选择"对话框。根据实验情况进行串口选择,设置波特率、数据位、停止位及通道地址的参改值,如图 4-7 所示。机械效率仪输出通道地址设置为 10,输入通道地址设置为 9。将机械效率仪的输出信号接入测试计算机的串口 1(COM1)或串口 2(COM2)。

(2)参数设置。

单击"系统设置"菜单项下的"参数"子菜单,进入"参数选择"对话框,如图 4-8 所示。

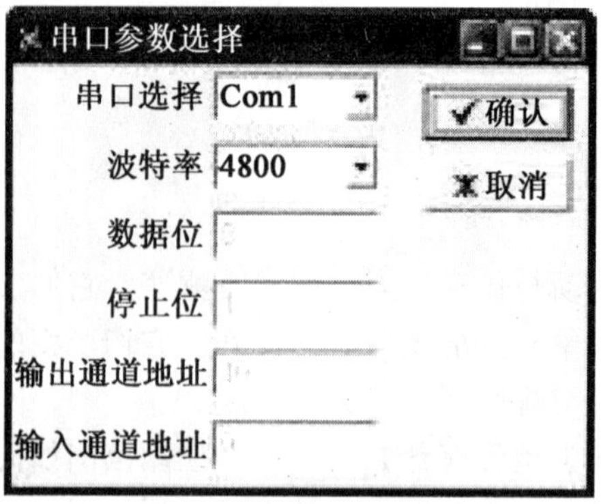

图 4-7 "串口参数选择"对话框

图 4-8 "参数选择"对话框

根据转矩转速传感器的说明书,进行扭矩系数设置,根据空载时数据进行扭矩零点编辑。

(3)调零。

单击"系统设置"菜单项下的"调零"子菜单,按照上一步输入的扭矩零点数据调整机械效率仪的零点。

2.变量设置

单击"变量设置"菜单项,进入"变量设置"对话框(见图 4-9),测量参数与系统预置参数均不能被修改,前者是直接测量,后者是根据直接测量的数据经过计算得到的。其中:传动效率＝输出功率/输入功率,滑动率＝(主动轮线速度－从动轮线速度)/主动轮线速度。若实验需要,可自行定义测量参数,方法是:点击"＋"按钮增加一行,录入参数名称、参数符号和计算公式,单击"√"按钮完成参数添加。注意:计算公式中所引用的测量数据只能是输入转矩 T_1、输出转矩 T_2,输入转速 n_1、输出转速 n_2,输入功率 P_1、输出功率 P_2。

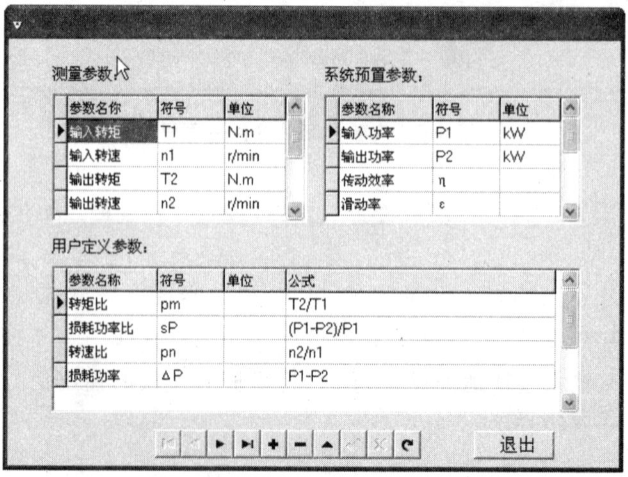

图 4-9 "变量设置"对话框

3. 实验数据测试系统

（1）录入实验的基本信息。

单击"实验管理"菜单项，选择"新建实验"项，进入"实验记录基本信息"对话框，如图 4-10 所示。

图 4-10　"实验记录基本信息"对话框

实验记录号由系统自动生成的 12 位（8 位年月日编码＋4 位流水号）数字组成。使用者在相应的编辑栏中录入实验分组编号、实验人员名单、指导教师姓名后，单击"确定"按钮进入"实验参数设置"对话框。

（2）设置实验参数。

首先选择实验类型，然后录入相应的实验参数（见图 4-11）。其中最大输入功率（kW）、最高输入转速（r/min）用于计算转矩（或工作拉力）的量程。在调速实验中，最高输入转速也是第一条效率曲线的转速默认值。实验时，建议第一条曲线在此转速下测试。

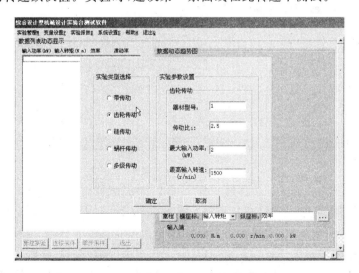

图 4-11　"实验参数设置"对话框

（3）横、纵坐标与量程选择。

"横、纵坐标与量程选择"对话框如图 4-12 所示，其操作方法为：①单击"▼"按钮，从下拉

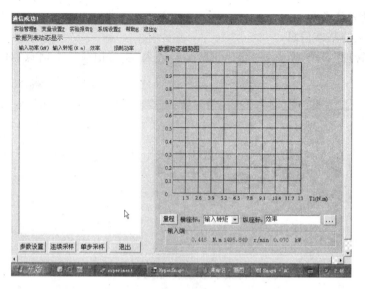

图 4-12 "横、纵坐标与量程选择"对话框

菜单中选择合适的横坐标;②单击"…"按钮,进入"选择纵坐标"对话框,最多可选择 4 个不同的纵坐标;③单击"量程"按钮,进入"量程修改"对话框,设置纵坐标量程。

(4)实验数据采集。

实验参数录入完成后,单击"确定"按钮进入实验数据采集界面(见图 4-13),数据采集分

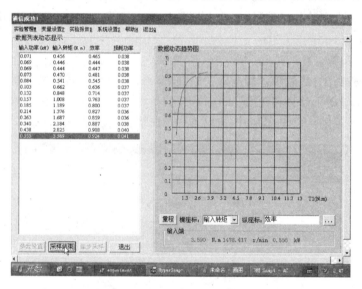

图 4-13 采样过程图

连续采样和单步采样两种方式。①连续采样。单击"连续采样"按钮,系统将以 1 Hz 采样频率连续地从转矩转速传感器读取转速、转矩和功率数据,同时进行机械传动效率的计算、显示和绘图。注意:在实验完成后,应先单击"采样结束"按钮停止采样再卸载(见图 4-14),否则传动效率曲线会失真。②单步采样。在系统稳定运行时,单击"单步采样"按钮,系统将从转矩转速传感器读取一组转速、转矩和功率数据,同时进行机械效率、传动效率的计算、显示和绘图。多次单击便可得到一系列数据,即得到较连续采样更平滑的传动效率曲线图。③调速实验。如果要比较不同输入转速下的传动效率特性,可在采样结束后,单击"调速实验"按钮,输入新的

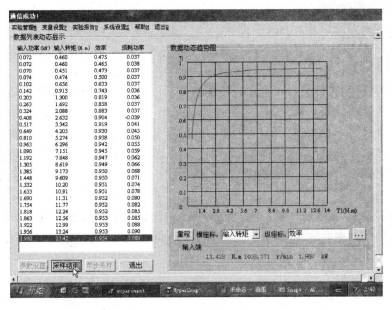

图 4-14　采样结束图

输入转速,重复前述采样步骤即可得到不同转速下的传动效率曲线。

(5)数据保存。

实验完成后,单击"采样结束"按钮停止数据采集,并单击"保存"按钮将实验数据保存,以便查询和打印。如果对实验结果不满意,单击"取消"按钮。

(6)退出实验。

单击"退出"按钮,可退出实验。

4.实验数据的查询和打印

(1)进入查询界面。

单击"实验报告"菜单项,进入"实验数据查询"界面,如图 4-15 所示。

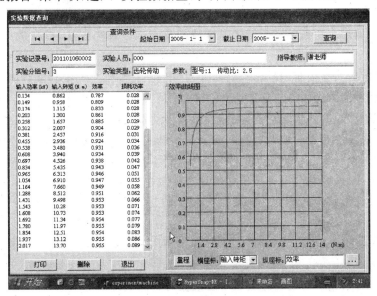

图 4-15　齿轮效率实验曲线图

(2)设置查询实验范围。

系统默认的查询范围是所有实验记录。用户通过选择"起始日期"和"截止日期"来设置查询范围。

(3)查询实验结果。

单击"查询"按钮,可得到所设范围内的所有记录。单击箭头按钮,则依次显示出历次实验记录的数据和效率曲线图。

(4)横、纵坐标与量程编辑。①单击"▼"按钮,从下拉菜单中选择合适的横坐标。②单击"…"按钮,进入"选择纵坐标"对话框,最多可选择 4 个不同的纵坐标。③单击"量程"按钮,进入"量程修改"对话框,设置纵坐标量程。

(5)打印实验报告。

单击"打印"按钮,系统将以第(4)步所选的纵、横坐标与量程打印当前实验记录的实验报告。首先打印传动效率曲线,同时弹出"是否打印实验数据"对话框,单击"Yes"按钮,打印实验测试数据。

(6)删除历史记录。

查询并显示要删除的历史记录,单击"Cancel"按钮,删除历史记录。

5.退出系统

单击菜单栏"退出"项,退出综合设计型机械设计实验台测试软件。

实验二　机械传动系统性能参数测试与分析
（综合设计型实验）

一、实验目的

(1)了解、掌握综合机械传动系统的基本特征及测试原理与方法,提高进行综合设计实验的能力。

(2)根据给定的实验内容、设备及条件,开发、培养、提高学生的工程实践能力、科学实验能力、创新能力、动手能力及团队工作能力。

(3)根据实验项目的要求,进行有关综合机械传动系统及其组成等综合机械传动实验方案的创意设计,完成实验装置的设计、搭接、组装及调试,实验测试方法的选择,实验操作规程的制订,实验数据采集与实验结果分析等实验内容。

(4)掌握 ZJS50 系列综合设计型机械设计实验台在现代实验测试手段方面的新方法,培养学生进行综合设计型实验的能力。

二、实验内容

1.综合机械传动系统的实验方案及实验装置的创意设计
(1)实验方案的创意设计。

(2)综合机械传动系统的方案选择设计。

(3)测试方案及测试仪器的选择设计。

(4)绘制实验装置的结构简图。

2.综合机械传动系统实验装置的搭建

(1)搭接、组装实验装置。

(2)调试实验装置。

(3)制订实验操作规程。

3.实验操作与结果分析

(1)实验结果测试。

(2)实验结果分析。

(3)完成实验报告。

三、实验设备

(1)ZJS50 系列综合设计型机械设计实验装置。

(2)实验室提供的相关实验设备、装置及测试仪器。

四、实验要求

(1)根据实验项目要求,提出详细的实验方案(包括实验内容、原理和方法以及实验所需的实验仪器与设备等)。

(2)利用现有的实验设备、装置与测试仪器等,构建能进行上述实验项目的实验装置并绘制实验装置的结构简图。

(3)根据实验项目要求,制订实验操作规程,完成实验操作。

(4)完成实验测试,按实验项目要求进行实验结果分析。

(5)完成实验报告(可根据实验项目要求自行制订)。

五、注意事项

(1)树立严肃认真、一丝不苟的工作精神,掌握正确的实验方法,养成良好的实验习惯,爱护公共设备与财物。

(2)严格遵守实验室的规章制度,注意保持实验室的环境整洁。

(3)实验装置搭建完成,经过指导教师检查、审定后方可开机操作。

(4)实验时应严格遵守设备及仪器的操作规程,注意人身安全。

(5)实验结束后应整理全部仪器、装置与附件,并恢复原位。

(6)认真完成实验报告。

六、实验步骤

(1)根据实验项目要求,进行实验方案及实验装置的创意设计。

(2)实验装置的安装。观察相关装置各部分的结构,注意各设备间的安装精度,检查实验平台上各设备、电路及各测试仪器间的信号线是否连接正确、可靠①。

在有带、链传动的实验装置中,为了防止压轴力直接作用于转矩转速传感器上而影响测试精度,实验时一定要安装实验装置配置的专用轴承座。

带轮、链轮与轴的连接采用了新型紧定锥套(Stock Taper Bushings)连接结构,装拆方便、快捷,安装时应保证固定可靠,拆卸时应用螺钉拧入顶出孔锥套。

(3)实验装置的调试。实验装置在正式实验前应进行调试,以保证实验的正常进行。用手转动被测传动装置,判断其是否转动灵活、有无阻滞现象;开机试运行几分钟,观察实验装置的运行情况,发现异常情况立即停机检查。

(4)测试设备初始参数设置及调零。进行实验数据测试前,应对测试设备进行初始参数的设置和测试设备的调零。调零时,应将传感器负载侧联轴器脱开,启动电动机,调节 JX-1A 效率仪的零点,以保证测量精度。

(5)在施加实验载荷时,应平稳旋动 WLY-1A 稳流电源的激磁旋钮,并注意输入传感器的最大转矩,不应超过其额定值的 120%。

(6)启动实验装置进行实验数据测试。实验测量应从空载开始。无论进行何种实验,均应先启动电动机后加载,严禁先加载后启动电动机。在施加实验载荷时,应保持平稳加载,注意不超过电动机、传感器等设备的许用值范围。

(7)在实验过程中,如遇电动机转速突然下降或出现不正常的噪声和振动、其他设备出现异常(如振动、噪声、温升等)时,必须立即停机,以防烧坏电动机及其他电器设备,防止意外事故发生。

(8)实验完毕后,关闭实验装置及各设备的电源。

(9)根据实验要求完成实验报告。

七、思考题

(1)实验装置组装时各模块间是如何连接的?它们的相对几何位置是如何调整?

(2)实验装置采用的是什么类型的传动?有什么特点?

(3)实验装置采用的是什么类型的加载方式?其特点如何?

(4)实验装置中采用了哪些测试仪器?其工作原理及特点如何?

(5)分析实验装置在实验测试中测得的传动效率值的真实意义。

(6)影响多级机械传动系统效率的因素有哪些?当机械传动系统已定时,系统效率应是常量还是变量?为什么?

---

① 各主要设备及装置的中心高及轴径尺寸如下。①Y90L-4 电动机:中心高 90 mm、轴径 ϕ24 mm。②ZJ0D 型转矩转速传感器:中心高 60mm、轴径 ϕ12 mm。③NJ1D 型转矩转速传感器:中心高 85mm、轴径 ϕ26 mm。④CZ-5 型磁粉制动(加载)器:中心高 150 mm、轴径 ϕ22 mm。⑤JSQ-XC-120 齿轮减速器(斜齿):中心高 175mm、轴径 ϕ19 mm、ϕ22 mm。⑥NRV063 蜗杆减速器:(上置)输入轴中心高 135 mm、轴径 ϕ19 mm,输出轴中心高 72 mm、轴径 ϕ25 mm;(下置)输入轴中心高 39 mm,输出轴中心高 102 mm。⑦轴承座(带、链传动专用):中心高 175 mm、轴径 ϕ22 mm。

▓实验三　机械传动系统性能及方案比较与研究
（研究创新型实验）▓

一、实验目的

（1）了解、掌握相关参数变化对机械传动系统基本特性的影响。

（2）根据实验撰写实验研究论文，扩展理论教学内容，提高科学研究的能力，增强创新意识与工程实践能力。

二、实验内容

（1）分析、研究参数变化对机械传动系统基本特性的影响：①传动功率变化对机械传动系统基本特性的影响；②传动速度变化对机械传动系统基本特性的影响；③传动比变化对机械传动系统基本特性的影响；④张紧力变化对带传动基本特性的影响；⑤润滑性能参数变化对啮合传动系统基本特性的影响。

（2）机械传动系统方案评价：①根据实验结果，比较、评价几种不同的机械传动方案；②通过实验进行机械传动系统方案的优化。

（3）完成实验报告并撰写实验研究论文。

三、实验设备

（1）ZJS50 系列综合设计型机械设计实验装置。

（2）实验室提供的相关实验设备、装置及测试仪器等。

四、实验要求

（1）利用相关实验设备、装置及测试仪器，根据实验要求，提出科学的、详细可行的实验方案（包括实验目的、内容、原理和方法、所需的实验仪器与设备）。

（2）构建能满足实验要求的实验装置，绘制实验装置的系统图和结构简图。

（3）根据实验要求，制订实验操作规程，完成实验操作及实验数据测试，并按要求进行结果分析、完成实验报告。

（4）完成实验研究论文。

五、注意事项

（1）树立严肃认真、一丝不苟的工作精神，掌握正确的实验方法，养成良好的实验习惯，爱护公共设备与财物。

(2)严格遵守实验室的规章制度,注意保持实验室的环境整洁。

(3)实验装置搭建完成,经过指导教师检查、审定后方可开机操作。

(4)实验时应严格奠定设备及仪器的操作规程,注意人身安全。

(5)实验结束后应整理全部仪器、装置与附件,并恢复原位。

(6)认真撰写实验研究论文。

六、实验步骤

根据实验项目内容、实验装置等自行制订实验操作步骤与方法(实验操作前,应认真阅读相关设备的使用说明书,并制订出实验操作规程),在教师指导下进行实验操作,确保人身与设备的安全。

七、撰写实验研究论文

此环节应在教师指导下,结合相关文献资料及实验结果独立撰写。实验研究论文主要包括如下内容:

(1)实验项目的内容、原理和方法(包括实验方案的设计、实验装置的组装与操作等);

(2)实验项目的理论分析与研究;

(3)实验项目的结果分析与研究;

(4)相关参数变化对机械传动系统基本特性影响的分析与研究;

(5)以 ZJS50 系列综合设计型机械设计实验装置为基础,探讨:如何扩大实验功能? 有哪些创新方案? 实验装置如何实现?

八、思考题

(1)根据实验结果,分析研究负载、转速、传动比、润滑、油温、张紧力等对传动性能的影响。

(2)多级机械传动系统方案的选择应考虑哪些问题? 一般情况下宜采用何种方案?

(3)一般情况下,在由带传动、链传动等组成的多级机械传动系统中,带传动、链传动在传动系统中如何布置? 为什么?

第5章
液体动力润滑滑动轴承实验

实验一 滑动轴承基本性能测试

一、实验目的

(1)掌握实验装置的结构原理,了解液体动压润滑滑动轴承的润滑方式、滑动轴承实验台的加载方式及轴承实验台主轴的驱动方法及调整原理。

(2)掌握滑动轴承实验台所采用的测试用变送器的工作原理及特点。

(3)通过实验测试轴承的周向油膜压力分布及轴向油膜压力分布情况,掌握滑动轴承中液体动力润滑油膜形成的机理及滑动轴承承载机理。

(4)通过滑动轴承实验,掌握工况参数和轴承参数的变化对滑动轴承润滑性能及承载能力的影响。

二、实验原理

滑动轴承和滚动轴承都是用来支承转动零件的,根据轴承的工作原理,滑动轴承属于滑动摩擦类型。滑动轴承本身具有的优点使其在轧钢机、汽轮机、内燃机、铁路机车及车辆、金属切削机床、航空发电(动)机附件等得到广泛的应用。滑动轴承中的润滑油如果能形成一定的油膜厚度而将作相对运动的轴承和轴颈表面分开,两表面不能直接接触,则可降低运动表面间的摩擦,减少磨损,从而延长滑动轴承的使用寿命。

根据液体润滑承载的机理不同,滑动轴承分为液体动力润滑滑动轴承和液体静压润滑滑动轴承。本章主要讨论液体动力润滑滑动轴承的实验。

液体动力润滑滑动轴承的轴颈与轴承孔间必须有间隙,当轴颈旋转时,借助液体黏性将润滑油带入轴颈与轴承孔表面的收敛楔形间隙内,随着轴颈转速的增高,轴颈表面的圆周速度加大,带入楔形间隙的油量增多,且润滑油是从大端口进入、从小端口流出,满足了液体流动连续性的条件,使润滑油在楔形间隙内自然形成周向油膜压力。当轴颈运转达到稳定时,轴颈便在一定的偏心位置上,轴承处于液体动力润滑状态,如图 5-1 所示。

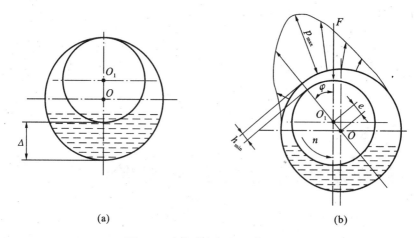

图 5-1　液体动力润滑油膜的形成

(a)停车状态时；(b)运转状态时

当油膜产生的动压力 p 与载荷 F 的分力平衡时，轴承内的摩擦阻力仅为液体的内阻力，摩擦因数达到最小值。如图 5-1(b)所示，轴颈中心处于某一相应稳定的平衡位置 O_1，O_1 位置的坐标为 $O_1(e, \varphi)$。其中 $e = \overline{OO_1}$，称为偏心距；φ 为偏位角（轴承中心 O 与轴颈中心 O_1 的连线与外载荷 F 作用线间的夹角）。

随着轴承载荷、转速、润滑油种类、黏度等参数的变化以及轴承几何参数（如宽径比、相对间隙）的不同，轴承中心的位置也随之改变。对于处在工况参数随时间变化的非稳定滑动轴承，其轴心的轨迹形成一条轴心轨迹图。

为了保证形成完全的液体动力润滑摩擦状态，对于实际的工作表面，最小油膜厚度必须满足以下条件：

$$h_{min} = S(Rz_1 + Rz_2) \tag{5-1}$$

式中：S 为安全系数，通常取 $S \geqslant 2$；Rz_1、Rz_2 分别为轴颈和滑动轴承轴瓦孔表面粗糙度的十点高度。

滑动轴承实验是分析滑动轴承承载能力的基本实验，它是分析与研究轴承的润滑特性及进行滑动轴承创新设计的重要实验基础。

轴承中间平面上的周向油膜压力分布曲线如图 5-2(a)所示，轴向油膜压力曲线如图 5-2(b)所示。

已知周向油膜压力分布曲线图中的承载分量曲线图（见图 5-2(a)），可求轴承的端泄影响系数 K。

考虑有限轴承在宽度 B 方向上的端泄对油膜承载量的影响，其影响系数 K 可由式(5-2)求得：

$$K = \frac{F}{p_m B d} \tag{5-2}$$

式中：F 为轴承外载荷(N)；B 为轴承有效工作宽度(mm)；d 为轴颈直径(mm)；p_m 为根据油膜压力曲线图求出的动压油膜的平均压力（见图 5-2(b)）。在图 5-2 中，图(a)为实测上轴瓦上均布测点 1～7 位置处的油膜压力形成的周向油膜压力分布曲线图；图(b)为过这 7 个点分别引垂线段 1-1″，2-2″，…，7-7″，使之分别等于图(a)中的油膜压力值的垂直分量后连成的光滑曲线，该曲线称为动压油膜的承载分量曲线；图(c)为油膜压力分布曲线图。

根据承载分量曲线和直径所围成的图形面积与平均压力 p_m 和直径围成的矩形面积相等的条件，通过数方格的方法即可求出 p_m 的大小，代入式(5-2)可求得 K。

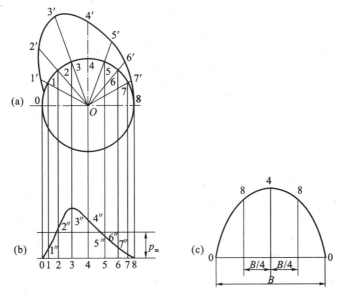

图 5-2 滑动轴承油膜压力分布曲线图

三、实验设备

ZHS20 系列滑动轴承综合实验台。

四、设备说明

ZHS20 系列滑动轴承综合实验台(见图 5-3)主要由主轴驱动系统、静压加载系统及轴承润滑系统、油膜压力测试系统、油温测试系统、摩擦因数测试系统及数据采集与处理系统等组成。

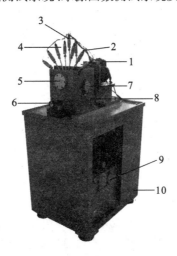

图 5-3 ZHS20 系列滑动轴承综合实验台外形图

1—交流伺服电动机;2—轴向油压压力变送器;3—静压加载压力变送器;4—周向油压压力变送器(1~7 号);
5—滚动轴承;6—调压阀;7—摩擦力传感器测力装置;8—实验主轴箱;9—液压油箱;10—机座

1. 主轴驱动系统及电动机的选择

实验台的主轴支承在实验台机体的一对滚动轴承上。该主轴的驱动电动机需满足无极调速、低速大转矩及在实验过程中能快速启停等要求。

驱动电动机主要有交流异步电动机、直流电动机、步进电动机、交流(直流)伺服电动机等类型。

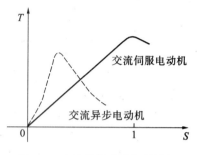

交流伺服电动机的工作原理与普通交流异步电动机相似,但交流伺服电动机的转子电阻比异步电动机的大得多,其转矩特性(转矩 T 与转差率 S 的关系)也因此与普通电动机相比有很大的区别,如图 5-4 所示,它可使临界转差率大于 1,使得转矩特性接近于线性,具有较大的启动转矩。伺服电动机具有启动快、灵敏度高的特点。

图 5-4   交流伺服电动机的转矩特性

基于稀土永磁体的交流永磁伺服驱动系统,可以提供高水平的动态响应和扭矩密度,可用交流伺服驱动替代传统的交流调速、直流和步进调速驱动,能使系统性能达到一个全新的控制水平,从而获得更宽的调速范围和更大的低速扭矩。本实验台用交流伺服电动机,其优点如下。

(1)控制精度高。交流伺服电动机的控制精度由电动机轴后端的旋转编码器保证,具有极高的控制精度。

(2)低频特性好。步进电动机在低速时易出现低频振动现象;普通交流电动机由变频器进行调速,在低频时的力矩小;直流电动机在低速时的控制不稳定。交流伺服电动机运转则非常平稳,在低速时运转也不会出现振动现象。交流伺服电动机系统具有共振抑制的功能,能克服机械刚度不足等缺点,并且系统内部具有频率解析功能(FFT),能检测出机械的共振点,便于调整系统。

(3)矩频特性好。交流伺服电动机是恒力矩输出,在其额定转速(一般为 1000 r/min)以内都能输出额定转矩,在其额定转速以上则为恒功率输出。

(4)过载能力强。交流伺服电动机具有很强的过载能力,如速度过载和转矩过载能力,其最大转矩为额定输出的 3 倍,可以用于克服惯性负载在启动瞬间引起的惯性力矩。

(5)运行稳定。交流伺服驱动系统为闭环控制,驱动器直接对电动机编码器反馈信号进行采样,内部构成位置环和速度环,不会出现步进电动机的丢步或过冲现象,控制性能更可靠。

(6)响应速度快。交流伺服系统的加速性能好,从静止加速到其额定转速 1000 r/min 只需几毫秒,可用于要求快速启停的控制设备。

2. 液压系统

实验台的液压系统的功能是为实验轴承循环润滑系统和轴承静压加载系统提供压力油,如图 5-5 所示。

为保证液压加载系统的稳定性,该系统采用变频恒压的控制方式。变频恒压供油系统主要由油泵、变频器和压力传感器组成,如图 5-6 所示,通过压力传感器对加载系统的压力进行监测,实时控制调节油泵电动机的转速,使电动机-油泵-液压油路系统组成一个闭环的控制系统。由于在各种转速下形成的油膜压力和端泄情况有一定的差别,因此通过变频恒压系统能保证在各种转速下的加载压力保持不变。

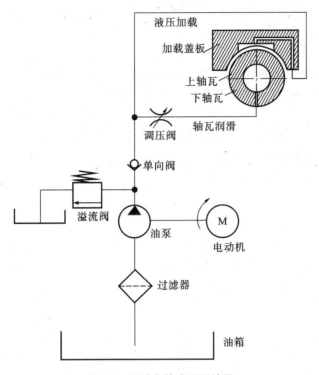

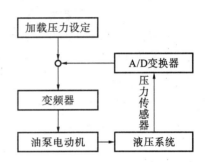

图 5-5　实验台的液压系统图　　　　　图 5-6　变频恒压控制原理框图

设液压加载系统向固定于箱底上的加载盖板内的油腔输送的供油压力为 p_0,载荷加载在轴瓦上,则轴承载荷为

$$F=9.81(p_0 A+G_0)　　(N)　　　　　　(5-3)$$

式中:p_0 为油腔供油压力(kgf/cm²);A 为油腔在水平面上的投影面积,$A=60$ cm²;G_0 为初始载荷(由轴瓦自重、压力变送器重量等组成),$G_0=7.5$ kgf。

3.油膜压力变送系统

在轴瓦上半部承载区即轴承宽度中间的剖面上,沿周向均布钻有 1～7 个小孔,分别在小孔处安装 7 个压力变送器。当轴旋转到一定的转速后,在轴承内形成了液体动压油膜,通过压力变送器可测量出油膜的压力值,同时在计算机上显示周向油膜压力分布曲线,如图 5-2 所示。在轴瓦的有效宽度 B 的 1/4 处,再安装轴向油膜压力变送器 8,同时测出位置 8 处的油膜压力 p_8,由轴向油膜压力分布对称的原理,可以测得出轴向油膜压力分布曲线图,如图 5-2(c)所示。

实验台采用压阻式压力变送器,它由压力敏感部件和压力变送器部件组成。

1)压力敏感部件

扩散硅压阻式压力传感器的工作原理为:以扩散硅材料制成的膜片作为弹性敏感元件,其硅晶片上通过微机加工工艺构成一个惠斯通电桥,如图 5-7 所示,图中 I 表示恒流源,R 表示电桥电阻值,V_s 表示激励电压,V_o 表示电桥输出的电压。当外部有压力作用时,膜片发生弹性变形,膜片的一部分受到压缩、另一部分则受到拉伸

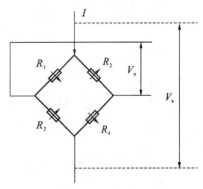

图 5-7　惠斯通电桥

作用。两个电阻位于膜片的压缩区,另外两个电阻位于拉伸区,并联形成惠斯通全桥的形式,使输出的信号最大。

2)压力变送器部件

因压力传感器(见表 5-1)是一个在硅晶片上通过加工工艺构成的一个惠斯通电桥,电桥桥阻的变化与作用在其上的外部作用力的大小成正比例关系。为了将电阻的变化量转换成电压信号,给惠斯通电桥提供最大为 2 mA (DC)的恒流源,用于激励压力传感器工作。通过信号放大和转换电路将惠斯通电桥所产生的电压信号线性放大处理后,将其转换为 4～20 mA (DC)的工业标准信号变送输出,形成压力变送器,其主要的性能特点是:

(1)稳定性高,每年的漂移小于 0.2％满量程;

(2)温度系数小,可在生产过程中对产品精密地校准及补偿,其温度误差小;

(3)适应性强,产品量程宽,过程连接形式、制造材料、结构具有多样化特征,因而适应工业测量中的各种场合及不同的介质。

(4)安装维护方便,产品可任意安装在各测量点而不影响其性能。

表 5-1　压力变送器的性能参数表

量　程	0～1.2 MPa
允许过载	量程的 2 倍
供电电源	24 V(DC),电源范围为 12～30 V (DC)
输出信号	4～20 mA(DC)(二线制)
精度	±0.5%
补偿温度范围	(0～+60)℃
工作温度范围	(−10～+80)℃

4.油温测试系统

将两个温度传感器安装在轴承的入口处用来分别采集轴承入口处的润滑油油温 t_1 和出口处的油温 t_2,从而可计算润滑油的平均温度:

$$t_m = \frac{t_1 + t_2}{2} \tag{5-4}$$

一般情况下,平均温度 t_m 不大于 75 ℃。

5.滑动轴承控制系统

实验台的 8 个油膜压力传感器、液压加载传感器、测量摩擦因数用的拉压负荷传感器以及油温传感器采集的测试数据通过 A/D 转换器,以 RS485 总线方式传送到计算机的实验台数据采集及处理软件系统,直接在屏幕上显示出来;或由打印机打印输出实验结果数据。

主轴电动机的转速大小通过计算机进行设置,设置值通过 RS485 总线输送到伺服电动机驱动器,再由伺服电动机驱动器控制电动机转速。

油压加载系统的压力是由实验人员在计算机上设置加载压力 p_0 与液压加载压力传感器的反馈值进行比较,再通过 PID 调节运算,将动态地改变变频器的输出频率,使液压加载压力保持不变。

实验台的控制原理框图如图 5-8 所示。

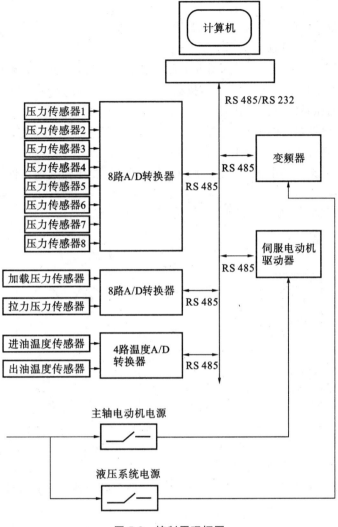

图 5-8　控制原理框图

五、实验步骤

1.安装实验台

(1)实验台应安装在环境清洁、干燥、无振动、无磁场干扰、无腐蚀性气体、有动力电源的房间内;

(2)实验台应置于坚硬的地面上(不必打地基)并通过脚垫调校到水平位置;

(3)连接好计算机主机、显示器、键盘和鼠标之间的连线;

(4)将计算机主机、显示器、实验台的电源线插入电源插座。

2.实验前的准备及注意事项

(1)进行实验前,应仔细阅读实验台的使用说明书,熟悉各主要设备的性能、参数及使用方法,正确使用仪器、设备及实验测试软件;

(2)无论做何种实验,均应先启动液压系统电动机、后启动主轴驱动电动机(伺服电动机);

(3)在实验过程中,如遇电动机转速突然下降或者出现不正常的噪声和振动时,必须卸载或紧急停车,以防电动机线圈电流过高,烧坏电动机与电器,防止其他意外事故的发生。

3.实验内容

(1)观察实验台的各部分结构,检查油路及电路是否可靠连接。

(2)用手转动轴瓦,使其摆动灵活、无阻滞现象。

(3)在实验台操纵系统面板上,按图5-9所示按钮使总电源、油压系统及主轴系统处于接通位置,系统进入工作状态。在图5-9中,按钮1为电源按钮,旋转至"开"的位置,接通实验装置电源;按钮2为油压系统启动按钮,用于启动油压系统电动机;按钮3为油压系统停止按钮,用于停止油压系统电动机;按钮4为主轴系统启动按钮,用于启动伺服电动机(主轴驱动电动机);按钮5为主轴系统停止按钮,用于停止伺服电动机;按钮6为急停按钮,在紧急情况下,按下此按钮可切断整个系统的电源;按箭头方向旋转按钮后,旋钮弹起即可恢复供电。

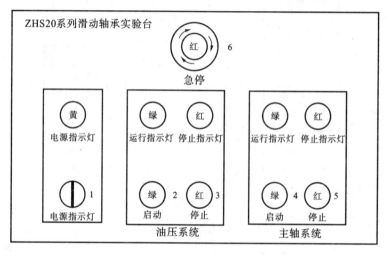

图 5-9　实验台操纵面板布置图

(4)进入滑动轴承实验计算机软件系统。

运行"开始菜单\程序\组态王6.51\运行系统",进入滑动轴承实验软件。

①启动界面如图5-10所示。

图 5-10　软件启动界面

②单击"实验管理"菜单中的"实验管理"项,进入实验管理系统,如图 5-11 所示,实验人员自行输入实验时间、实验记录号、实验分组号、实验人员、实验指导老师等内容后,单击"返回"按钮。

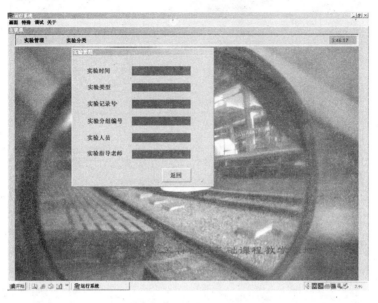

图 5-11　实验管理界面

③单击"实验分类"菜单,显示可供选择的"径向滑动轴承油膜压力分布曲线"、"f-λ 曲线"及"p-f-n 曲线"三种类型实验。

a. 选择"径向滑动轴承油膜压力分布曲线"菜单(见图 5-12),可进行径向滑动轴承油膜压力分布曲线实验。

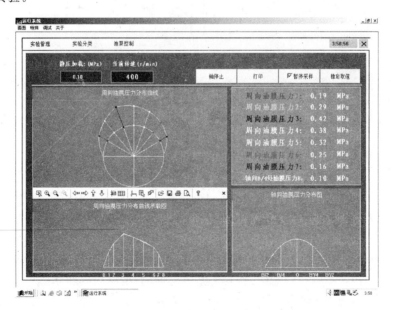

图 5-12　径向滑动轴承油膜压力分布曲线实验界面

b. 选择"f-λ 曲线"菜单(见图 5-13),可进行滑动轴承 f-λ 曲线实验。

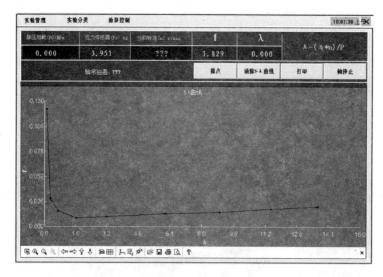

图 5-13　滑动轴承 f-λ 曲线实验界面

c. 选择"p-f-n 曲线"菜单(见图 5-14),可进行滑动轴承 p-f-n 曲线实验。

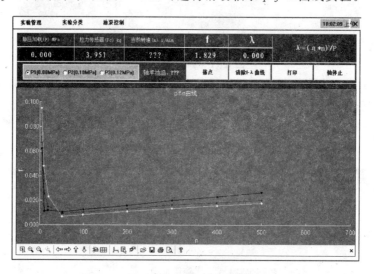

图 5-14　滑动轴承 p-f-n 曲线实验界面

(5)单击"静压加载"数字框,弹出键盘,可设置加载压力(建议 p_0=(0.1~0.15) MPa)。

(6)单击"油泵控制"菜单,选择"启动"子菜单,启动油压系统。

(7)单击"当前转速"数字框,可设置主轴转速(建议 n=(200~500) r/min)。

(8)观察轴向油膜和周向油膜的压力分布,如果曲线出现模糊,请单击"稳定取值"按钮使曲线清晰,同时观察右边的油膜压力数值显示窗口内的 8 个点的油膜压力值。

(9)在图 5-13 和图 5-14 中,当静压加载稳定到所设定的压力时,单击"描点"按钮,描绘转速 600、500、400、300、200、100、50、20、10、5 r/min 下的点,形成相应曲线。

(10)数据测试完成后,曲线稳定,先单击"暂停采样"按钮,再单击"打印"按钮打印当前窗口。

(11)如果停止系统,务必先关闭主轴驱动电动机(单击"轴停止"按钮),等主轴驱动电动机停止转动后再卸载轴承静压载荷(单击"静压加载"按钮),最后关闭液压系统电动机,以减轻轴瓦磨损。停止主轴的操作为单击"轴停止"按钮。停止油压系统的操作为选择"油泵控制"菜单下的"停止"子菜单。

（12）每做完一次实验,利用抓图软件将实验结果保存为文档,并存盘。

六、思考题

（1）哪些因素影响液体动力润滑滑动轴承的承载能力及其动压油膜的形成?

（2）当载荷增加或转速升高时,油膜压力分布有何变化?

（3）轴向压力分布曲线与轴承宽径比 B/d 之间有什么关系? 在 $B/d \geqslant 4$ 及 $B/d \leqslant 1/4$ 两种情况下,它们的轴向油膜压力分布有何明显差异? 求解液体动力润滑雷诺方程的简化方程时又有何不同?

实验二　滑动轴承摩擦状态分析(综合设计型实验)

一、实验目的

（1）掌握滑动轴承摩擦因数 f 的测定方法。

（2）通过实验,掌握滑动轴承润滑状态的转化过程,将影响润滑状态的主要参数引入实验,进行综合设计型实验。

（3）通过实验,加深与扩展理论教学内容,对各种摩擦状态下的摩擦因数 f 的大小范围有定量了解。

二、实验原理

滑动轴承的摩擦状态实验是滑动轴承设计及研究的重要实践基础。通过实验,观察并显示出轴承由转速 $n=0$ 的静摩擦状态过渡到低转速下的边界摩擦状态,且随着转速的增高达到液体摩擦状态。实验测出的轴承摩擦因数 f 与相对速度 v 的 Stribeck 曲线如图 5-15 所示。

根据 Vogelpohl 的建议,当圆周速度 $v<3$ m/s 时,应使运转速度 n 与转折点的过渡转速 n_g 之比为 $n/n_g=3$;当圆周速度 $v>3$ m/s 时,应使比值 $n/n_g>v$。

为了综合考虑滑动轴承的压力 p、转速 n 及润滑油动力黏度 η 等因素对滑动轴承摩擦状态的影响,进行滑动轴承的综合设计型实验。为了综合反映压力 p、转速 n 及润滑油动力黏度 η 等因素的影响,引入轴承无量纲特性参数 λ。λ 的表达式为

$$\lambda = \frac{\eta n}{p} \tag{5-5}$$

摩擦因数 f 与 λ 的关系如图 5-16 所示。f-λ 曲线说明,滑动轴承形成液体动力润滑过程中,摩擦因数 f 随轴承特性参数 λ 的变化而不同。边界摩擦应该作为滑动轴承设计的极限状况。当 λ 通过转折点后,滑动轴承进入液体摩擦状态,这时的状态为滑动轴承理想的工作状

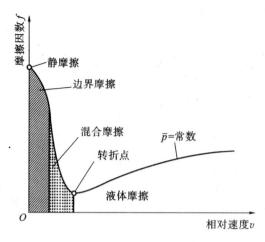

图 5-15　Stribeck 曲线

态。在液体摩擦区域内随着 λ 增大,油膜厚度增大,油膜中总的内摩擦阻力相应增大,使得 f 增大。由 Philippovich 理论得出的 4 种摩擦状态、摩擦因数及滑动轴承主要特性如表 5-2 所示。

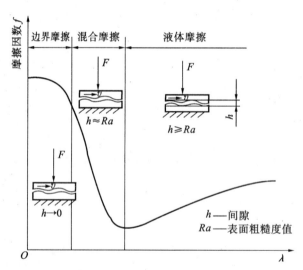

图 5-16　摩擦特性曲线(f-λ 曲线)

表 5-2　摩擦状态及其典型特征

摩擦状态	润　滑	黏度的影响	过程特征	摩擦因数 f
干摩擦	无润滑、绝对干的表面	无影响	相配的轴承零件在表面出现黏附结点	>0.3
边界摩擦	仅在相配的轴承零件上有吸附的气膜或液膜	无影响	在少数分子层中有分子的机械作用	$0.1<f\leqslant0.3$
混合摩擦	部分润滑	有部分影响	部分的分子机械作用和部分的流体动力学或流体静力学作用	$0.005<f\leqslant0.1$
液体摩擦	完全润滑	有决定性影响	液体动力学作用或液体静力学作用	$f\leqslant0.005$

1. 摩擦因数的测量原理

在 ZHS20 实验台滑动轴承的轴瓦外圆装有一伸出机架的测力杆,测力杆置于 S 形拉压传感器上。滑动轴承间的摩擦因数 f 可由测出的摩擦力矩求得,即 $F_f \dfrac{d}{2} = F_c L$,则

$$F_f = \frac{2 F_c L}{d} \tag{5-6}$$

由实验测出 F_c 后,可计算得摩擦因数为

$$f = \frac{F_f}{F} \tag{5-7}$$

式中:F 为滑动轴承外载荷(N);F_f 为轴承的摩擦力(N);L 为测力杆力臂的距离,$L = 125$ mm;d 为轴颈的直径,$d = 60$ mm。

2. 润滑油黏度的测量原理

(1)黏度的概念。

黏度是指润滑油抵抗运动的能力,表征润滑油流动时内摩擦阻力的大小,是润滑油最重要的性能之一。

(2)润滑油黏度的单位。

润滑油黏度分为动力黏度 η、运动黏度 ν 和条件黏度三种。

①动力黏度 η 主要用于流体动力学的计算,动力黏度的国际单位是帕·秒(Pa·s)。

②运动黏度 ν 是动力黏度与同温下该流体密度的比值(单位为 m^2/s),是作为划分润滑油牌号的依据。如 L-AN32 全损耗系统用油,牌号中的数值 32 即为温度在 40 ℃时该润滑油的运动黏度的中间值 $\nu = 32$ m^2/s(实际运动黏度范围为 $28.8 \sim 35.2$ m^2/s)。运动黏度的计算公式为

$$\nu = \frac{\eta}{\rho} \tag{5-8}$$

式中:ρ 为流体的密度(对于矿物质油,$\rho = 850 \sim 900$ kg/m^3)。

③条件黏度是指在一定的条件下,利用某种规格的黏度计,测定润滑油穿过规定孔道的时间来进行计量的黏度。我国常用恩氏度(°Et)表示,即把 200 ml 待测定的油在规定恒温下流过恩氏黏度计的时间 T(s)与同体积蒸馏水在 20 ℃时流过黏度计同一小孔所需时间 k(s)之比:

$$\eta_E = \frac{T}{k} \tag{5-9}$$

式中:k 一般在 $50 \sim 52$ s 之间。

上述几种黏度单位可按下式进行换算:

$$\left. \begin{array}{l} \nu = 8.0 \eta_E - \dfrac{8.64}{\eta_E} (1.35 < \eta_E \leqslant 3.2) \\[2mm] \nu = 7.6 \eta_E - \dfrac{4.0}{\eta_E} (\eta_E > 3.2) \\[2mm] \eta = 7.41 \eta_E (\eta_E > 16.2) \end{array} \right\} \tag{5-10}$$

(3)润滑油的黏度与温度的关系。

润滑油黏度受温度的影响很大,随温度的升高而下降,图 5-17 表示出几种润滑油的黏度与温度的关系。滑动轴承在工作过程中,轴承的油温会发生相应的变化。在摩擦因数测定中,动力黏度 η 的值受温度的影响。润滑油的黏度与温度的关系常用 Walther 黏-温方程计算,该方程为

$$\lg[\lg(\nu+a)]=A+B\lg T \tag{5-11}$$

式中:ν 为运动黏度(mm^2/s);T 为绝对温度(K),$T=273+t$;t 为润滑轴承油温(℃);a 为常数(根据实验统计,$a=0.6$);A、B 为与油品有关的常数。由式(5-11)导得:

$$\nu=10^{10^{A+B\lg T}}-0.6 \tag{5-12}$$

不同润滑油的 A、B 值可通过查对应润滑油的黏-温曲线(见图 5-17)上两个点对应的温度和运动黏度的值(T,ν)代入方程(5-11)求得。已知 A、B 值后代入方程(5-12)可求出任意油温下的运动黏度 ν 值。

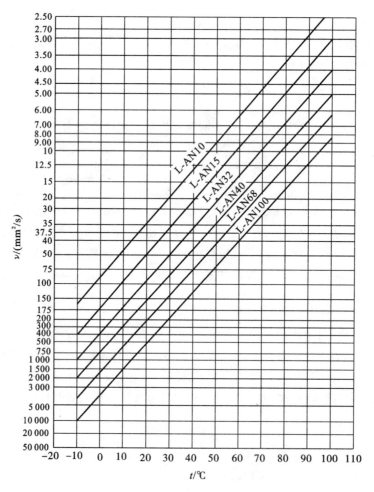

图 5-17   几种全损耗系统用油的黏-温曲线

(4)润滑油的密度与温度的关系。

润滑油的密度随温度的升高而降低,当温度在 $0\sim100$ ℃的范围时,润滑油的密度一般降低大约 5%,密度与温度的近似关系可表示为

$$\rho=\rho_{20}[1-65\times10^{-5}\times(t-20)] \tag{5-13}$$

式中:ρ_{20} 为 20 ℃下润滑油的密度(g/cm^3);t 为润滑油的温度(℃)。

三、实验装置

(1)恩氏黏度计,其结构如图 5-18 所示。

(2)ZHS20 系列滑动轴承综合实验台。

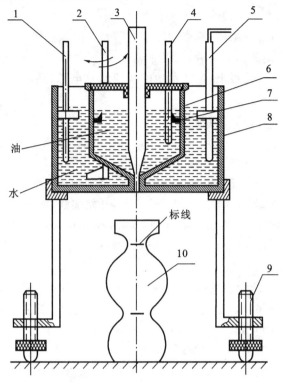

图 5-18 恩氏黏度计结构简图

1,4—温度计;2—搅拌器;3—木塞;5—温度传感器;6—内容器;7—外容器;
8—小针;9—调节螺钉;10—计量瓶

四、实验内容

(1)当实验润滑油的牌号未知时,可先进行润滑油的黏度与温度曲线关系的测定。

(2)测定摩擦因数 f 与轴承无量纲特性参数 λ 间的关系曲线。

五、实验步骤

1.恩氏黏度计的操作方法和步骤

(1)用木塞 3 堵塞黏度计孔径为 2.8 mm 的小孔。

(2)将实验油倒入预先清洗干净的内容器 6 中,油面应与小针 7 的针尖平齐,调节螺钉 9,使油面水平,盖好容器盖。

(3)在外容器 8 中加入水,接通电路及温度控制装置使水加热,不断搅动,使水温均匀,水的温度通过传感器连接到自动控制装置,在 20 ℃、50 ℃、80 ℃ 和 100 ℃ 下进行恒温控制,当实验油温度达到测试温度时,关闭电路。

(4)拔出木塞,按动秒表,当润滑油刚刚流满 200 cm³ 时,立即按停秒表,并记下流出时间 $T(s)$。一般应重复测定 3 次,取其平均值。

(5)重复上述步骤,测定另一个温度 t 下的 $T(s)$ 值。

（6）求出各温度下润滑油的 η_E 值,换算为运动黏度 ν 值(mm²/s),作黏度与温度曲线图。

2.滑动轴承摩擦状态实验操作方法及步骤

（1）观察实验台的各部分结构,检查油路及电路是否可靠连接。

（2）用手转动轴瓦,使其摆动灵活、无阻滞现象。

（3）在实验台操纵系统面板上,按图示功能按钮使总电源、油压系统及主轴系统处于接通位置,这时系统进入工作状态。

（4）进入滑动轴承实验计算机软件系统。

①启动软件。

②单击"实验管理"菜单中的"实验管理"项,进入实验管理系统。

③单击"实验分类"菜单,显示可供选择的"径向滑动轴承油膜压力分布曲线"、"f-λ 曲线"及"p-f-n 曲线"3 种类型实验,选择"f-λ 曲线"菜单,开始实验,如图 5-19 所示。

④先单击"油压系统(0.1 MPa)"和"主轴(600 r/min)",再单击"静压加载"数字框,弹出键盘,可设置加载压力(建议 $p_0 = (0.1\sim0.15)$ MPa);单击"当前转速"数字框,可设置主轴转速(建议 $n = (200\sim500)$ r/min)。

⑤当静压加载稳定到所设置的压力时,观察 f 和 λ,其值稳定后单击"描点"按钮。

⑥设置转速到 600 r/min,观察静压加载及 f 和 λ,其值稳定后单击"描点"按钮;在转速 600、500、400、300、200、100、50、20、10 r/min 下完成同样的操作。

⑦完成曲线测试后,单击"打印"按钮,打印结果。

⑧如需停止系统,务必先停止主轴,再停止供油系统,以减轻轴瓦磨损。具体操作为:停止主轴,单击"轴停止"按钮;停止油压系统,选择"油泵控制"菜单下的"停止"子菜单。

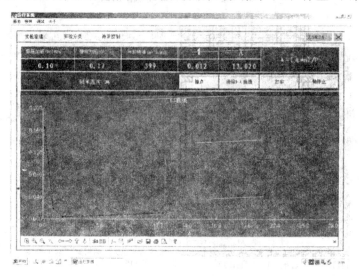

图 5-19　滑动轴承 f-λ 曲线实验界面

六、思考题

（1）f-n 曲线与 f-λ 曲线有何不同?

（2）根据 f-λ 曲线,阐述滑动轴承的摩擦状态是如何转化的? 摩擦因数变化规律怎样? 不同摩擦状态下摩擦因数的大概变动范围如何?

（3）润滑油温度对润滑油性能有何影响？黏-温曲线如何绘制？

（4）如果实验所用润滑油牌号为 L-AN32，试根据黏-温特性曲线，导出方程（5-12）中 A 和 B 的值，并计算 $t=40$ ℃时润滑油的动力黏度 η 值（Pa·s）。

实验三　多参数耦合下滑动轴承性能特性研究
（研究创新型实验）

一、概述

为了对滑动轴承进行更进一步的研究，可进行 p-f-n 曲线的测定。该测定将揭示轴承压力变化时 f-n 曲线的变化规律，掌握最小摩擦因数转折点的位置及数值大小的变化特征，为深入研究滑动轴承奠定实践基础。

二、实验目的

（1）将 p-f-n 曲线与 f-λ 曲线进行比较，了解压力 p 的变化对 f-n 曲线的影响。

（2）掌握最小摩擦因数位置及数值大小的变化特性，为在工程设计时进行滑动轴承的参数优化选择，提供可参考的实验依据。

三、实验内容

完成在 3 种轴承压力 p 作用下的 p-f-n 性能曲线的测试。

四、实验设备

ZHS20 系列滑动轴承综合实验台。

五、实验操作步骤

（1）观察实验台的各部分结构，检查油路及电路是否可靠连接。

（2）用手转动轴瓦，使其摆动灵活、无阻滞现象。

（3）在实验台操纵系统面板上，按图示功能按钮使总电源、油压系统及主轴系统处于接通位置，这时系统进入工作状态。

（4）进入滑动轴承实验计算机软件系统。

①启动软件；

②单击"实验管理"菜单中的"实验管理"项，进入实验管理系统；

③单击"实验分类"菜单，显示可供选择的"径向滑动轴承油膜压力分布曲线"、"f-λ 曲线"

及"p-f-n曲线"3 种类型实验,选择"p-f-n曲线"菜单,开始实验,如图 5-20 所示;

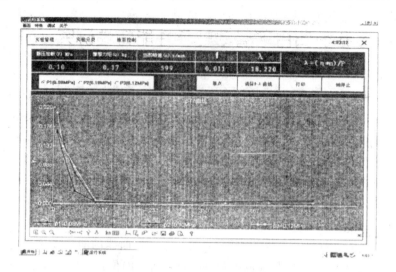

图 5-20　滑动轴承 p-f-n 曲线实验界面

④单击"单选"按钮,选择某一压力,选择"油泵控制"菜单中的"启动"项,启动油压系统;

⑤油压升起后,设置主轴转速(600 r/min),观察静压加载和 f 的变化,稳定后单击"描点"按钮;

⑥设置转速到 600 r/min,第一次静压加载建议取 $p_0 = 0.08$ MPa,观察静压加载及 f 和 λ,其值稳定后单击"描点"按钮,在转速 600、500、400、300、200、100、50、20、10 r/min 下完成描点;

⑦完成该曲线测试后,依次选择其他两个不同的压力(建议取 $p_0 = 0.1$ MPa 及 $p_0 = 0.12$ MPa)重复步骤⑤~⑥进行描点;

⑧完成 3 条曲线的测试后,单击"打印"按钮,打印结果;如需停止系统,务必先停止主轴,再停止供油系统,以减轻轴瓦磨损。具体操作参见本章实验二的相关内容。

六、撰写实验研究论文

在教师指导下撰写实验研究论文,主要内容有:

(1)滑动轴承工况参数(压力 p、转速 n)的变化,摩擦因数变化规律的分析研究;

(2)通过实验研究最小摩擦因数的变化规律及影响参数;

(3)研究摩擦状态由混合摩擦状态过渡到液体摩擦状态的规律;

(4)以 ZHS20 系列滑动轴承综合实验台为基础,思考如何扩大实验功能,有哪些创新方案?(扩大实验功能主要包括:轴心轨迹如何测量? 不同宽径比对相对间隙有何影响? 实验工作如何实现?)

(5)实测结果与理论比较及分析。

七、思考题

(1)p-f-n 曲线与 f-λ 曲线有何不同? 改变载荷重复实验时,曲线有无变化?

(2)随着滑动轴承平均压力 p 的升高,在边界摩擦区、混合摩擦区及液体摩擦区的摩擦因数是如何变化的?

第6章

机械设计结构与分析实验

实验一　减速器拆装

减速器是一种由封闭在刚性壳体内,由齿轮传动、蜗杆传动、齿轮-蜗杆传动及行星齿轮传动、摆线针轮传动等组成的独立传动装置,常用在原动机与工作机之间,用来降低转速或增大转矩。

通过减速器的拆装实验,可使学生对减速器各零部件有一个直接的认识,进一步了解和掌握各零件的结构、加工工艺、安装方法等,了解运动件与运动件之间的安装要求、运动件与固定件之间的安装要求、轴承的拆装等。

一、实验目的

(1)加深对减速器的感性认识与实际概念,为后续课程设计做好准备。

(2)了解各种不同类型减速器的整体结构形式,各零件的名称、形状、用途及各零件之间的装配关系,减速器各附件的名称、结构、安装位置及作用等。

(3)了解轴承的安装尺寸和拆装方法,轴上零件的固定和调整方法。

(4)了解一些减速器中各种传动件的啮合情况及轴承游隙的测量和调整方法。

(5)了解齿轮、轴承等主要零件的润滑、冷却和密封等方式。

(6)了解并掌握减速器的拆装与调整过程。

(7)学习减速器主要参数的测定方法。

二、实验内容

(1)观察减速器外形,了解并记录减速器的各种性能参数。用手分别转动输入轴、输出轴,体会转矩;用手轴向来回推动输入轴、输出轴,体会轴向窜动。

(2)拆装减速器,了解各种减速器的箱体零件,轴、齿轮等主要零件的结构及加工工艺。

(3)了解箱体与箱盖结构、肋板分布情况,测量有关数据。

(4)了解滚动轴承的安装、拆卸、固定、调整对结构设计提出的要求;了解减速器的润滑及密封方式、密封装置;绘制低速轴及其轴承组合的结构草图(包括轴、轴承、轴承端盖、调整垫片、密封垫圈、挡油板等)。

(5)了解减速器主要零部件及其装配工艺与关系。

(6)观察了解减速器的各种附件(如通气器、窥视孔、吊钩或吊环螺钉、吊装孔、起盖螺钉、定位销、调整垫片、挡油板、油面指示器、油塞等)的作用、用途、结构和对安装位置的要求。

三、实验设备

(1)各种减速器(见图 6-1):①单级圆柱齿轮减速器;②单级圆锥齿轮减速器;③圆锥-圆柱

图 6-1 装拆实验用的减速器

齿轮减速器;④展开式双级圆柱齿轮减速器;⑤同轴式双级圆柱齿轮减速器;⑥分流式双级圆柱齿轮减速器;⑦蜗杆蜗轮减速器;⑧新型结构单级圆柱齿轮减速器。

(2)拆装与测量工具:活动扳手、游标卡尺、螺丝刀、钢直尺、榔头、内外卡尺、三爪卡盘等。

(3)各种减速器的装配图。单级圆柱齿轮减速器(外肋式、凸缘式轴承盖结构,轴承用油润滑;外肋式、嵌入式轴承盖结构,轴承用脂润滑)的结构装配图如图6-2、图6-3所示。

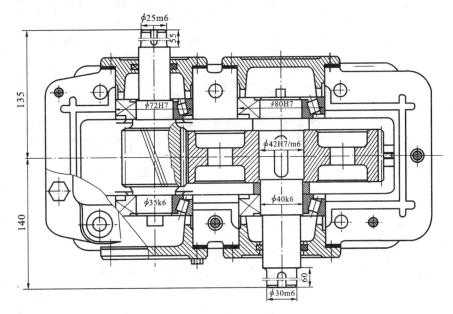

图 6-2　单级圆柱齿轮减速器(外肋式、凸缘式轴承盖结构,轴承用油润滑)

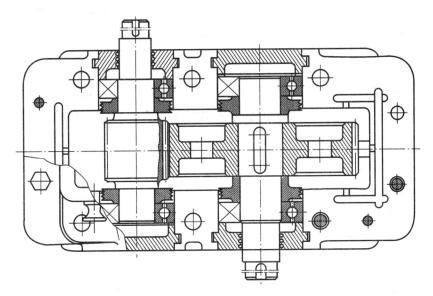

图 6-3　单级圆柱齿轮减速器(外肋式、嵌入式轴承盖结构,轴承用脂润滑)

双级圆柱齿轮减速器(展开式和分流式)、圆锥齿轮减速器、蜗杆-蜗轮减速器的结构装配图分别如图6-4、图6-5、图6-6、图6-7所示。

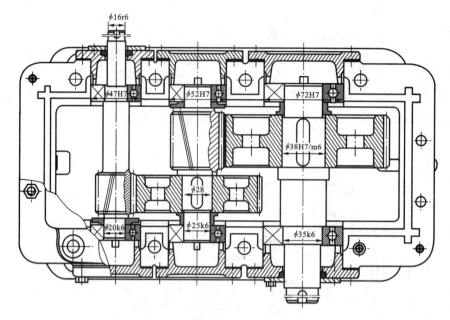

图 6-4　双级圆柱齿轮减速器(展开式)

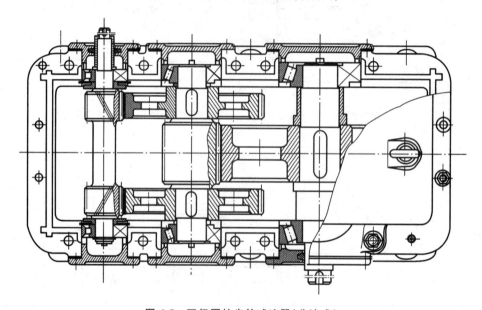

图 6-5　双级圆柱齿轮减速器(分流式)

四、实验步骤

(1)对减速器先做整体观察,然后观察其外形结构,记录减速器铭牌标出的各种性能参数。

①在动手拆开前,先用手转动输入轴,观察转动的松紧程度及装配的妥帖程度,观察减速器和外部机器的连接方式、联轴器的形式等;

②观察附件(如通气器、窥视孔、吊钩或吊环螺钉、吊装孔、起盖螺钉、定位销、调整垫片、挡油板、油面指示器、油塞等)的类型及安装方式的位置;

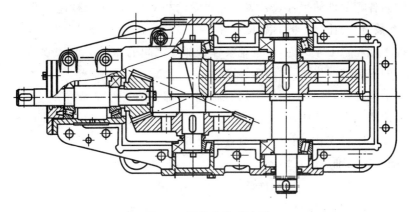

图 6-6　圆锥齿轮减速器

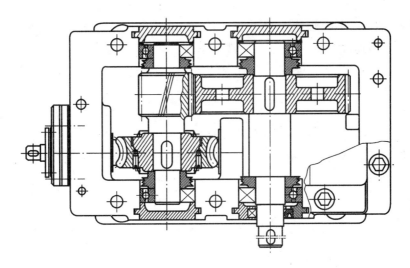

图 6-7　蜗杆-蜗轮减速器

③观察各连接螺栓的类型、布置方式及位置；

④观察箱体、箱盖的结构形式，了解底座结构及地脚螺栓的布置方式和位置，支承螺栓的凸台高度及空间尺寸的确定方法；

⑤观察轴承座的结构形状，了解底座结构及地脚螺栓的布置方式和位置，支承螺栓的凸台高度及空间尺寸的确定方法。

(2)确定拆装步骤、方法及所用的工具，并拆开箱盖。

①拆下油标尺、透气塞、窥视孔盖，注意它们与箱体接触面的密封情况，如有密封垫片，应保持完全；

②拆下所有的箱盖和箱体的连接螺栓；

③拆下轴承端盖，注意观察箱盖的密封圈；

④顶起起盖螺钉，把箱盖与箱体分开，取下箱盖。

(3)认清减速器的形式，了解各级传动比的分配比例，观察箱内齿轮的啮合情况，轴承的支承结构(如固定端与游动端的结构、轴承型号)，润滑方式，轴承间隙的调整方法，轴承的密封装置，油槽、油沟的位置。

(4)测量箱内各零部件的尺寸及各零部件之间的相对位置,记录减速器的主要参数,如模数、齿数、齿宽系数、传动比、传动功率、重量等。

(5)一起拆下轴和轴上零部件,注意观察各零部件之间的相对位置,特别是两端轴承的布置,轴上各零件的安装情况(如周向固定、轴向固定方法)。

(6)拆下轴上零部件,观察轴的结构,分析轴上零部件的装拆方案。

(7)安装减速器。安装的次序与拆卸的次序相反,结构应与原状完全相同。安装每一个零件时,一定要先擦干净再安装,还要注意检查下列事项:

①轴承内圈须紧贴轴肩或定距环;

②圆锥滚子轴承及向心推力球轴承的轴向游动间隙应符合规定;

③齿轮转动的最小侧隙应符合要求;

④恢复原状,整理工具;

⑤注意不要遗留工具在箱体内,不得漏装任何一个零件。

(8)用手转动高速轴,观察有无零件干涉现象。

五、思考题

(1)为什么齿轮减速器的箱体沿轴线平面做成剖分式?

(2)如何保证减速器箱体支承具有足够的刚度?

(3)地脚螺栓、轴承座两侧的箱体与箱盖的连接螺栓应如何布置?

(4)上、下箱体的连接凸缘在轴承处比其他处高,为什么?

(5)箱盖设有吊环,为什么下箱体还设有吊钩?

实验二　机械零部件的认知

机械零部件的展示是分析机械结构的基本实验,是提高机械结构设计能力及进行机械结构创新性设计的重要实践基础。

一、实验目的

(1)了解各种常用零件的结构、类型、特点及应用。

(2)了解各种典型机械的工作原理、特点、功能及应用。

(3)了解机器的组成,增强对各种零部件及机械结构的感性认识。

(4)培养学生对机械装置的运动特点、结构分析的能力。

(5)了解常用润滑剂及密封装置的类型、工作原理和组成部分。

(6)掌握机械零件的失效形式及其特征,掌握机械设计的基本准则。

二、实验原理

1.常用连接件、轴系零部件

1)连接及连接件

机器是由各种不同的零件按一定的方式连接起来的。根据使用、结构、制造、装配、维修和运输等方面的要求,组成机器的机械零件间采用了各种不同的连接方式。

机械中各零件的连接按照工作时被连接件之间的运动关系分为动连接和静连接两种类型。被连接件之间连接后能按一定运动形式作相对运动的连接称为动连接,如花键连接、螺旋传动;被连接件之间相对固定、不能作相对运动的连接称为静连接,如螺纹连接、普通平键连接等。

按照被连接件拆开的情况不同,连接分为可拆连接和不可拆连接。允许多次装拆而无损使用性能的连接称为可拆连接,如螺纹连接、键连接和销连接;须破坏被连接件中的一部分才能拆开的连接称为不可拆连接,如焊接、铆接和黏接等。

按传递载荷的工作方式不同,连接可分为力锁合(摩擦)、形锁合(非摩擦)和材料锁合的连接形式。力锁合(摩擦)连接靠连接件中配合面间的作用力(摩擦力)来传递载荷,如受拉螺栓、过盈连接;形锁合(非摩擦)连接通过连接件中零件的几何形状的相互嵌合来传递载荷,如平键连接;材料锁合连接通过附加材料分子间的作用来传递载荷,如黏接、焊接。

(1)螺纹连接。

螺纹连接是利用螺纹零件工作的一种广泛应用的可拆连接。螺纹有内螺纹和外螺纹之分,共同组成螺旋副,起连接和紧固作用。常用的连接螺纹类型有普通螺纹、管螺纹和米制锥螺纹等。传动用的螺纹有梯形螺纹、矩形螺纹、锯齿形螺纹。根据螺旋线的绕行方向不同,螺纹分为左旋螺纹和右旋螺纹;在机械中,一般采用右旋螺纹。根据螺旋线的数目,螺纹还可分为单线螺纹和多线螺纹。单线螺纹用于连接,多线螺纹用于传动。

螺纹(螺旋)副的效率为

$$\eta = \frac{\tan\lambda}{\tan(\lambda + \rho_v)} \tag{6-1}$$

式中:λ 为螺纹升角;ρ_v 为当量摩擦角。

螺旋副的自锁条件为

$$\lambda \leqslant \rho_v \tag{6-2}$$

在机械制造中常见的螺纹连接件有螺栓、双头螺柱、螺钉、螺母和垫圈等。这类零件的结构形式和尺寸都已标准化,设计时可根据标准选用。

螺纹连接的防松方法根据其工作原理分为摩擦防松、机械防松和铆冲防松等。

(2)键连接。

键连接由键、轴和轮毂组成,主要用来实现轴与轴上零件之间的周向固定,用以传递运动和转矩。其中有些键连接还能实现轴向固定以传递轴向载荷;有些还能组成轴向动连接。键连接中的键是标准件,主要类型有平键、半圆键、楔键和切向键。

(3)花键连接。

花键连接是由周向均布的多个键齿的花键轴与具有相应键齿槽的轮毂相配合而成的可拆连接。花键连接为多齿工作,工作面是侧面,其承载能力高,对中性和导向性好,对轴和轮毂的强度削弱小,适用于载荷大、对中性要求高的静连接和动连接。

花键根据其形状不同分为矩形花键和渐开线花键两种,均已标准化。

(4)销连接。

销连接主要用作装配定位,也可用作连接(传递不大的载荷)、防松及安全装置中的过载剪断元件。

常用的销连接类型有圆柱销、圆锥销、销轴、安全销、开口销和带孔销。销也是标准化零件。

2)轴系零部件

(1)轴。

轴是组成机器的主要零件之一。一切作回转运动的传动零件(如齿轮、蜗轮、带轮等),都必须安装在轴上才能进行运动及动力的传递。轴的主要功用是支承回转零件及传递运动和动力。

根据所受载荷不同,轴分为三种类型:转轴(同时承受转矩和弯矩),如减速器中的轴;心轴(只承受弯矩,不承受转矩),如机车车辆的轴;传动轴(主要承受转矩,不承受弯矩或承受弯矩很少),如汽车传动轴。

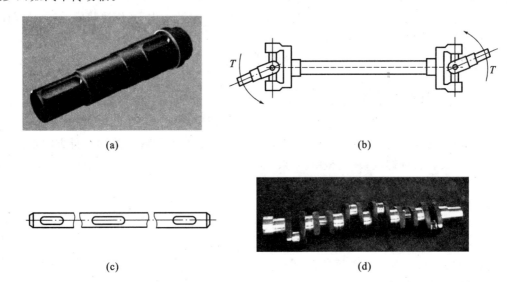

(a)　　　　　　　　　　　　　　　　(b)

(c)　　　　　　　　　　　　　　　　(d)

图 6-8　轴的各种类型

(a)阶梯轴;(b)传动轴;(c)光轴;(d)曲轴

根据轴线形状不同,轴又可分为三种类型:直轴、曲轴和钢丝软轴。直轴应用最广,如阶梯轴(减速器中广泛应用)和光轴(传动轴),如图 6-8 所示。

(2)轴承。

轴承是用来支承轴颈的零件,也可用来支承旋转零件。根据轴承工作时的摩擦性质不同,轴承分为滑动轴承和滚动轴承两类。

①滑动轴承　滑动轴承的运动形式为相对滑动,摩擦、磨损是其主要问题。为了减少摩擦和磨损,需要润滑。根据其润滑形式不同,滑动轴承又可分为完全液体润滑滑动轴承和非完全液体润滑滑动轴承。滑动轴承的结构主要有整体式、剖分式和调位式。

轴瓦是滑动轴承中直接与轴颈接触的零件,其工作表面是承载面也是摩擦面,它是滑动轴承的核心零件。轴承衬是为了改善轴瓦表面的摩擦性质和节省贵金属材料而在轴瓦内表面上浇注的减摩材料。

轴瓦的主要失效形式是磨损、疲劳点蚀、腐蚀等。

为了把润滑油导入整个摩擦面间,轴瓦上开设有油孔或油槽,油槽有周向油槽和轴向油槽之分。

轴瓦和轴承衬的材料统称为轴承材料。常用的轴承材料为轴承合金(巴氏合金)、青铜、多孔质金属、铸铁、塑料等。

②滚动轴承　滚动轴承工作时的摩擦性质为滚动摩擦,具有摩擦阻力小、启动容易、效率高、组合简单、运转精度高、润滑和密封方便、易于安装、使用维护方便等优点,广泛应用在一般机械传动中。

滚动轴承是标准件,其结构由内圈、外圈、滚动体和保持架组成,如图 6-9 所示。滚动体是滚动轴承的核心元件,主要类型有球、圆锥滚子、圆柱滚子、球面滚子和滚针。

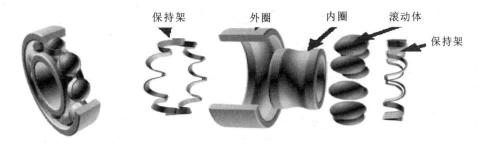

保持架　　外圈　　内圈　　滚动体

保持架

图 6-9　滚动轴承结构

滚动轴承的主要失效形式是滚动体或滚道出现疲劳点蚀、塑性变形和磨损,还有可能是保持架破裂。

滚动轴承的选用主要根据轴承的载荷、轴承的转速、轴承的调心性能和轴承的安装及拆卸情况而定。

(3)联轴器。

联轴器是连接两轴使之一起转动并传递转矩的部件,其特点是只有在机器停止运行后,用拆卸的方法才能实现两轴的分离。

联轴器的类型较多,部分已标准化。根据联轴器对两轴间各种相对位移有无补偿能力(即能否在两轴发生相对位移条件下保持连接的功能),分为刚性联轴器(无补偿能力)和挠性联轴器(有补偿能力)两大类。挠性联轴器按内部是否包含有弹性元件分为无弹性元件的挠性联轴器和有弹性元件的挠性联轴器。常用的刚性联轴器有凸缘联轴器、套筒联轴器、夹壳联轴器等;常用的无弹性元件的挠性联轴器有十字滑块联轴器(见图 6-10)、齿式联轴器、滚子链联轴器、滑块联轴器和万向联轴器等;有弹性元件的挠性联轴器有弹性套柱销联轴器、弹性柱销联轴器、弹性柱销齿式联轴器、梅花形弹性联轴器、轮胎式联轴器、蛇形弹簧联轴器、膜片联轴器和弹簧联轴器等。

(4)离合器。

离合器是在机器运转过程中,可使两轴随时接合和分离的一种装置。它可用来操纵机器传动系统的断续,以便进行变速及换向等。对离合器的基本要求是:接合平稳,分离迅速而彻底,调节和修理方便,质量小,耐磨性好,有足够的散热能力,操纵方便省力。根据操作的方式,常用的离合器可分为操纵式离合器和自动离合器两大类。

常用的操纵式离合器有牙嵌离合器、齿式离合器、销式离合器、圆盘摩擦离合器、圆锥摩擦

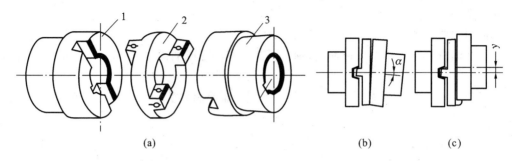

图 6-10   十字滑块联轴器

离合器和磁粉离合器等。

常用的自动离合器有安全离合器、离心离合器以及超越离合器等。

2.机械传动

传动装置作为将动力机的运动和动力传递或变换到工作机的中间环节,是大多数机器或机组的主要组成部分,在整台机器的质量和成本中占有很大的比例。机器的工作性能和运转费用也在很大程度上取决于传动装置的优劣。

常用的机械传动类型有带传动、齿轮传动、蜗杆传动、链传动和摩擦轮传动等。

1)带传动

带传动的基本组成零件为主动带轮、从动带轮和传动带,是在两个或多个带轮间用带作为挠性元件的传动,工作时借助带与带轮间的摩擦力或啮合来传递运动和动力,如图 6-11 所示。

按照工作原理不同,带传动可分为摩擦型带传动和啮合型带传动。摩擦型带传动根据传动带的横截面形状不同可分为平带传动、圆带传动、V 带传动和多楔带传动。

平带传动结构简单,传动效率较高,带轮也容易制造,在传动中心距较大的场合应用较多。圆带结构简单,其材料多为皮革、棉、锦纶等,牵引力小,多用于仪器及低速、轻载、小功率的机器中。V 带的横截面为等腰梯形,带轮上也有相应的轮槽,传动时,带的两个侧面和轮槽接触,槽面摩擦可提供更大的摩擦力,故传递的功率比平带大,允许的传动比大,大多数的 V 带已标准化,在工程上应用广泛。多楔带传动兼有平带传动和 V 带传动的优点,工作接触面大,摩擦力大,用于结构紧凑而传动功率大的场合。

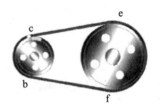

图 6-11   带传动机构

啮合型带传动也称为同步带传动,它通过传动带内表面上等距分布的横向齿和带轮上的相应齿槽的啮合来传递运动。同步带传动的带轮与带之间没有相对滑动,能够保证严格的传动比。

2)齿轮传动

齿轮传动靠主动轮与从动轮之间的相互啮合来传递运动和动力,其传动效率高、结构紧凑、工作可靠、寿命长、传动比稳定,在机械传动中得到了广泛应用。但齿轮传动的制造及安装精度要求高,价格贵,不宜用于传动中心距过大的场合。齿轮传动分类参见表 6-1,不同类型如图 6-12 所示。其中,用于平行轴的齿轮传动类型有外啮合直齿圆柱齿轮传动、外啮合斜齿圆柱齿轮传动、外啮合人字齿圆柱齿轮传动、齿轮与齿条的啮合传动、内啮合圆柱齿轮传动;用于相交轴的齿轮传动类型有直齿圆锥齿轮传动、斜齿圆锥齿轮传动;用于交错轴的齿轮传动类型有交错轴斜齿轮传动、准双曲面齿轮传动。

表 6-1　齿轮传动的分类

按两齿轮的轴线位置分	平行轴齿轮传动、相交轴齿轮传动、交错轴齿轮传动
按工作条件分	开式齿轮传动、半开式齿轮传动、闭式齿轮传动
按齿面硬度分	软齿面(≤350HBS)、硬齿面(>350HBS)
按齿线相对轴线的方向分	直齿、斜齿、曲齿、人字齿
按齿轮齿廓的曲线形状分	渐开线齿轮、摆线齿轮、圆弧齿轮
按齿轮的分布位置分	外啮合齿轮、内啮合齿轮
按轮齿分布的曲面分	圆柱齿轮、锥齿轮

(a)　　　　　　　　　　　　　　(b)

(c)　　　　　　　　　　　　　　(d)

图 6-12　齿轮传动的各种类型

(a)外啮合齿轮传动;(b)内啮合齿轮传动;(c)齿轮齿条机构;(d)交错轴斜齿轮传动

齿轮传动的失效形式有轮齿折断、齿面点蚀、齿面胶合、齿面磨损、齿面塑性变形。

齿轮常用的材料有钢(锻钢、铸钢)、铸铁、非金属材料等,常用的热处理方法有正火、调质、表面淬火、渗碳淬火、渗氮处理等。

3)蜗杆传动

蜗杆传动(见图 6-13)是在空间交错的两轴间传递运动和动力的一种传动机构,常用两轴线交错的夹角为 90°。蜗杆传动具有传动比大、结构紧凑、冲击载荷小、传动平稳、噪声低等特点。当蜗杆的螺旋线升角小于啮合面的当量摩擦角时,蜗杆传动具有自锁性。但蜗杆传动时在啮合面有相对滑动,传动效率低,故广泛应用于机床、汽车、仪器、起重运输机械中。

图 6-13　蜗杆传动

根据蜗杆形状的不同,蜗杆传动可分为圆柱蜗杆传动、环面蜗杆传动和锥蜗杆传动。圆柱蜗杆传动有普通蜗杆传动和圆弧圆柱蜗杆传动两大类。普通圆柱蜗杆传动又可分为阿基米德蜗杆(ZA 蜗杆)、法向齿廓蜗杆(ZN 蜗杆)、渐开线蜗杆(ZI 蜗杆)和锥面包络圆柱蜗杆(ZK 蜗杆)。

蜗杆传动的主要失效形式有齿面接触疲劳点蚀、齿面胶合、齿面磨损、轮齿折断等。在一般情况下,因为蜗轮的强度低,所以失效更容易发生在蜗轮上。由于蜗杆与蜗轮齿面之间有相对滑动,容易产生胶合和磨损。

在蜗杆传动常用的材料中,蜗杆常用材料为碳钢和合金钢,热处理主要是淬火或调质处理;而蜗轮材料为铸锡青铜、铸铝青铜、灰铸铁等。

4)链传动

链传动(见图 6-14)是一种挠性传动,它由链条和链轮组成,通过链轮轮齿与链条链节的啮合来传递运动和动力。与带传动相比,链传动无弹性滑动和整体打滑现象,能保证准确的平均传动比,传动效率高,作用于轴上的压轴力小;与齿轮传动相比,链传动的制造与安装精度低,成本低,在远距离传动时,其结构比齿轮传动轻便得多。链传动在机械制造中应用广泛。

链传动的主要缺点是只能实现平行轴间链轮的同向转动,运转时不能保持恒定的瞬时传动比,易磨损、跳齿和脱链,有噪声,不宜用在载荷变化大、高速和急速反转的传动中。

链传动按用途不同分为传动链、输送链和起重链。传动链又可分为短节距精密滚子链、齿形链。输送链和起重链主要作用在运输和起重机械中,传动链用在一般机械传动中。

图 6-14　链传动

链传动的主要失效形式有链条元件的疲劳破坏、链条铰链的磨损、链条铰链的胶合和链条的静力破坏。

5）螺旋传动

螺旋传动是利用螺杆和螺母组成的螺旋副来实现传动要求的。它主要用于将回转运动变为直线运动，同时传递运动和动力，也可用来调整零件的相互位置。螺旋传动由螺杆（螺旋）、螺母和机架组成。

螺旋传动按螺纹副的摩擦情况分为滑动螺旋、滚动螺旋和静压螺旋。螺旋传动按其用途不同，可分为传力螺旋传动、传导螺旋传动、调整螺旋传动三种类型。传力螺旋传动以传递力为主，要求用较小的力矩产生轴向运动和大的轴向力；传导螺旋传动以传递运动为主，要求有高的传动精度，在较长的时间内连续、高速工作；调整螺旋传动主要用在调整或固定零部件间的相对位置，一般不常转动。

6）摩擦轮传动

摩擦轮传动是由两个或多个相互压紧的摩擦轮组成的一种摩擦传动，工作时靠摩擦轮接触面间的摩擦力来传递运动或动力。摩擦轮传动由主动摩擦轮、从动摩擦轮和机架组成。

摩擦轮传动按照摩擦轮形状不同分为圆柱摩擦轮传动、圆锥摩擦轮传动和平盘摩擦轮传动。圆柱摩擦轮传动还分为圆柱平摩擦轮传动和圆柱槽摩擦轮传动。

摩擦轮传动具有制造简单、运转平稳、无冲击和噪声、能无级变速及过载保护、不能保持准确的传动比（有弹性滑动、几何滑动）、效率低、压轴力大、须采用压紧装置等特点。

3.润滑剂及密封装置

1）润滑剂

在摩擦面间加入润滑剂主要是为了降低摩擦、减轻磨损、保护零件不遭锈蚀、提高效率、延长机件的使用寿命，同时润滑剂还起到冷却、缓冲、吸振、排污等作用。机械中常用的润滑剂主要有润滑油、润滑脂和固体润滑剂。

（1）润滑油。

在液体润滑剂中最广泛使用的是润滑油，包括矿物油、动植物油、合成油和各种乳剂。矿物润滑油是由多种烃类的混合物加入添加剂组成的，其原料充足、成本低、性能稳定；合成润滑油是由具有特定分子结构的单体聚合物加入添加剂配成的，具有耐氧化性、耐高低温性等特点，但价格昂贵，应用在航空工业中。

润滑油的主要性能指标是黏度、润滑性（油性）、极压性、闪点、凝点和氧化稳定性。其中黏度是润滑油最重要的性能之一，是衡量润滑油黏性的指标，是大多数润滑油牌号区分的标志。

（2）润滑脂。

润滑脂是润滑油与稠化剂（如钙、锂、钠的金属皂）的膏状混合物。使用润滑脂不需经常更换，其稠度大、黏附性好、受温度影响小、承载能力较强。但其流动性差，启动阻力大，不能循环使用。

润滑脂的主要性能指标有锥（针）入度（或稠度）和滴点。其中锥入度是润滑脂最重要的质量指标，表示润滑脂内的阻力大小和流动性的强弱。润滑脂的牌号就是该锥入度的等级。

（3）固体润滑剂。

固体润滑剂是在两摩擦表面间用粉末、薄膜或固体复合材料等代替润滑油或润滑脂，达到减少摩擦与磨损的目的，其特点为：使用温度高，承载能力强，边界润滑优异，耐化学腐蚀性好，但导热性差、摩擦因数好。

固体润滑剂的材料有无机化合物(石墨、二硫化钼等)、有机化合物(聚四氟乙烯、酚醛树脂等)和金属(Pb、Sn、Zn)以及金属化合物。

2)密封装置

密封装置是机器和设备的重要组成部分,主要作用是防止润滑剂的泄漏以及防止灰尘、水份及其他杂质浸入机器和设备内部。

密封的分类方法很多,按密封流体状态分类有气体密封和流体密封;按设备种类分有压缩机密封、泵用密封和釜用密封;按密封面的运动状态分类有静密封和动密封,动密封还可分为接触式密封和非接触式密封。

三、实验装置

实验装置为机械设计陈列室展示的各种机械传动装置、零部件等。如连接件、轴、滚动轴承、滑动轴承、润滑与密封、联轴器与离合器、带传动、齿轮传动、链传动、蜗杆传动、螺旋传动等。

四、实验内容

1.了解常用连接件、轴系零部件

(1)了解螺纹连接、键连接、花键连接、销连接的常用类型、结构形式、工作原理、受力情况、装配方式、防松原理及方法、失效形式及应用场合。

(2)了解轴、轴承、联轴器与离合器等轴系零部件的类型、结构特点、工作原理、装配形式、常用材料、失效形式及应用场合等。

2.了解各种机械传动

(1)了解各种带传动的类型、结构特点、工作原理、运动特性、张紧方法及失效形式。

(2)了解齿轮传动的类型、常用材料、加工原理、结构形式、工作原理、受力分析及失效形式。

(3)了解蜗杆传动的类型、常用材料、结构形式、工作原理、受力分析、自锁现象及失效形式。

(4)了解链传动的类型、结构形式、工作原理、运动特性及失效形式。

(5)了解螺旋传动的类型、结构形式、工作原理、运动特性及失效形式。

(6)了解摩擦轮传动的类型、结构形式、工作原理、运动特性及失效形式等。

3.了解润滑剂及密封装置

(1)了解润滑剂的类型、功用、性能参数及应用场合。

(2)了解润滑装置的类型、功用及应用场合。

五、思考题

(1)常用机械连接的基本类型有哪些?各适用于什么场合?

(2)螺纹连接防松的意义与基本原理是什么?常用的防松方法有哪些?

(3)轴的作用是什么?转轴、心轴和传动轴各有什么区别?

(4)轴承的基本功用及类型有哪些？各有何特点？

(5)联轴器与离合器的功用是什么？基本类型有哪些？

(6)简述带传动的基本组成与分类方式。

(7)齿轮传动有哪些类型各有何特点？齿轮传动的主要失效形式有哪些？

(8)蜗杆传动的主要类型有哪些？与齿轮传动相比,蜗杆传动有何特点？

(9)链传动的工作原理是什么？其特点和应用场合如何？

(10)螺旋传动有哪些特点？

(11)摩擦轮传动的工作原理是什么？主要有哪些特点？

(12)润滑剂的基本作用是什么？机械中常用的润滑剂主要有哪些？

(13)密封的基本作用和类型有哪些？

第7章

轴系结构设计实验

实验一 轴系结构设计

一、实验目的

(1)了解轴系结构设计用的零件类型、结构,掌握轴系结构设计的基本原理与方法。

(2)掌握轴系中轴承轴向固定常用的结构形式的特点、应用场合及结构实现的方法。

(3)掌握轴上传动零件及滚动轴承的定位与固定方法,实验采用的轴上零件常用轴向定位的方法见表 7-1。

表 7-1 轴上零件常用的轴向固定方法

名　　　　称	轴向固定方法
轴肩与轴环	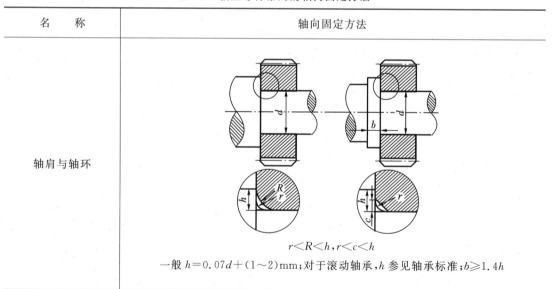 $r<R<h,r<c<h$ 一般 $h=0.07d+(1\sim2)\text{mm}$;对于滚动轴承,$h$ 参见轴承标准;$b\geqslant1.4h$

名　　称	轴向固定方法
轴承座凸肩	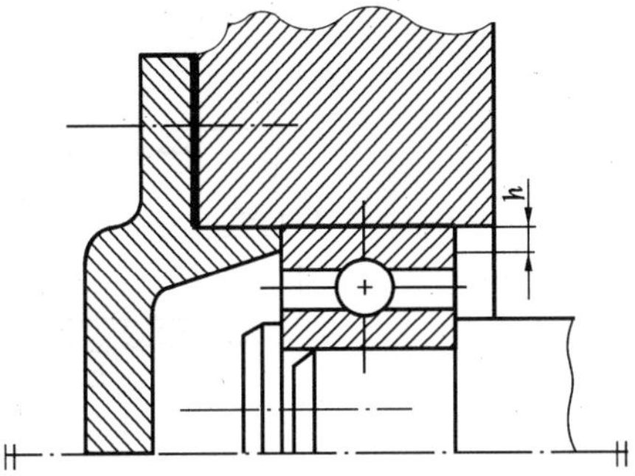 凸肩高度 h 参见轴承标准
孔用弹性挡圈	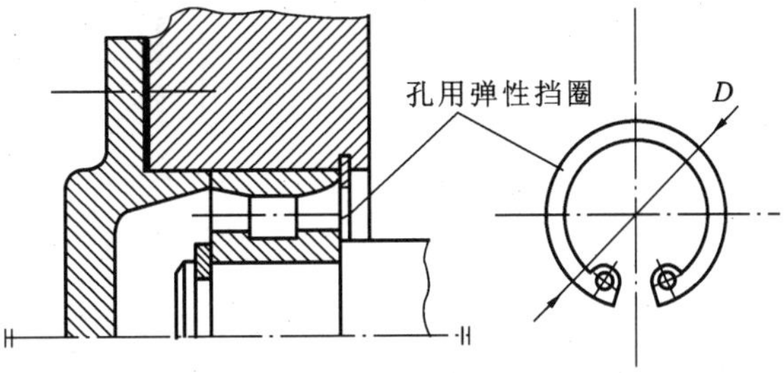
轴　　套	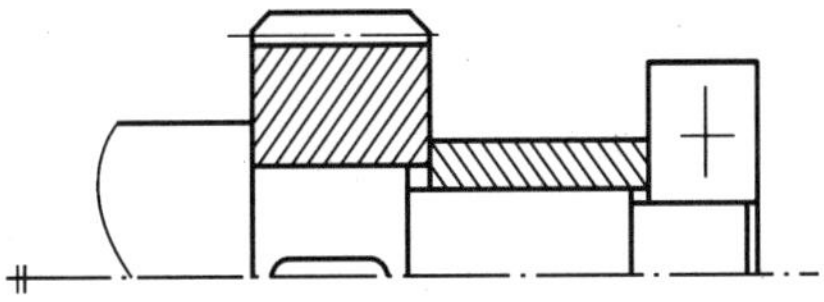
轴端挡圈	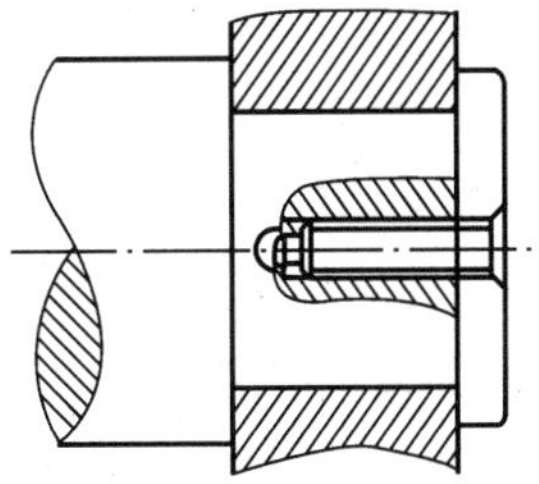
圆螺母	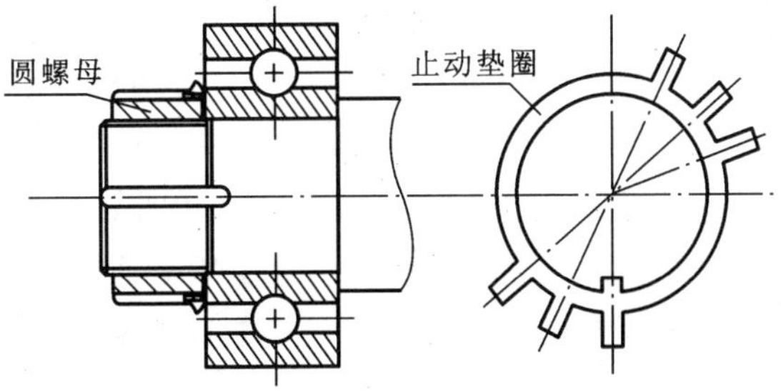

续表

名　　称	轴向固定方法
轴用弹性挡圈	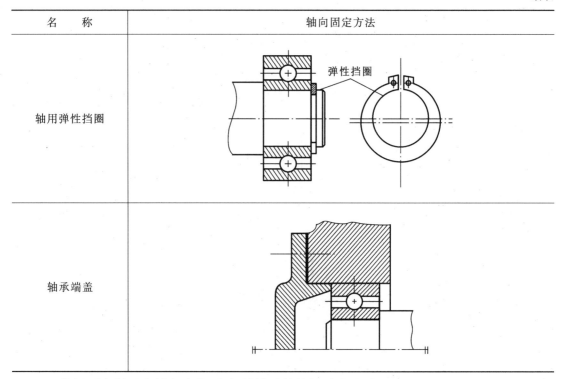
轴承端盖	

（4）掌握因润滑及密封方式的不同，对轴系结构设计的影响。

（5）掌握蜗杆传动、圆锥齿轮传动中轴系轴向定位的调整方法。

（6）综合创新轴系结构设计方案。

二、实验原理

任何回转件都有轴系，轴系是机械的重要组成部分，轴系性能的优劣直接决定了机器的性能及寿命。轴系的设计主要包括轴、轴承等零件的工作能力设计与结构设计两方面的内容。轴为非标准件，它的工作能力设计包括轴的强度、刚度及振动性计算。轴的结构设计是轴设计中的重要环节，根据轴上零件的定位与固定，轴承组合设计及其调整、润滑、密封方法及制造工艺等确定轴的合理外形和各部分的具体尺寸。轴的结构设计方案有很大的灵活性，实验方法是采用零件库提供的各种类型的轴、轴承及附件，根据轴系结构设计原则创意性组装成符合设计任务要求的完整轴系。通过让学生亲自动手，经过轴系结构的设计、装配、调整、拆卸等全过程，不仅增加了学生对轴系零部件结构的感性认识，还能帮助学生深入理解轴的结构设计、轴承组合设计的基本要领，综合创新轴系结构设计方案，达到提高创新设计能力和工程实践能力。

滚动轴承是标准零件，设计时只需按工作要求选择轴承类型并根据滚动轴承的工作能力设计确定其尺寸大小。滚动轴承的结构设计实质上是指滚动轴承的组合结构设计。

滚动轴承的组合结构设计主要有以下几方面内容。

（1）轴系支点的轴向固定方法。轴系的每个支点通常为一个或一个以上轴承的组合，一根轴一般为双支点。轴系支点轴向合理固定后，方能确保轴在机器中有正确的确定位置，防止轴在工作过程中发生轴向窜动以及受热变形后卡死轴承。

（2）滚动轴承内圈及外圈的轴向紧固方法。

（3）滚动轴承与相关零件的配合的确定。

（4）支承刚度和旋转精度要求高的场合下滚动轴承的预紧结构。

（5）轴承的润滑与密封方法。

轴系的结构设计还要从系统上考虑轴系轴向位置的调整及轴承游隙的调整。

1）轴系轴向位置的调整

轴上零件为圆柱齿轮类传动时，对轴向位置一般无严格要求，轴系也没必要进行轴向位置调整的结构设计。但是对于锥齿轮传动和蜗杆传动时，轴系轴向位置通常需要调整，以补偿轴向轴承部件组合的各个零件尺寸的加工误差及装配等因素造成的锥齿轮传动或蜗杆传动件正确啮合位置偏离，如图 7-1 所示。

对于圆锥齿轮传动，要求两个节锥顶点重合来保证传动的正确啮合，在结构设计时要求轴心系能在水平和垂直两个方向进行调整，如图 7-1（b）所示。

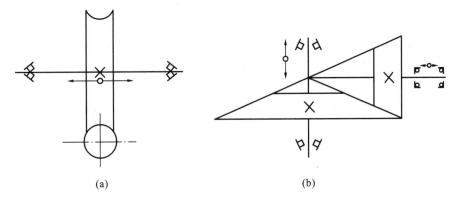

(a)   (b)

图 7-1　轴向位置调整示意图

(a)蜗杆传动轴系图;(b)圆锥齿轮传动

图 7-2 所示为圆锥齿轮轴系两种轴向位置的结构方案：图（a）为一对圆锥滚子轴承正装（面对面安装）结构，图（b）为一对圆锥滚子轴承反装（背对背安装）结构，两个方案的轴承都装在套杯内，通过改变套杯与箱体间调整垫片的厚度实现轴系轴向位置的调整。图 7-2 所示两个方案中，图（b）所示方案支承刚性较好，但轴系结构复杂及轴承游隙调整不如图（a）的方便。

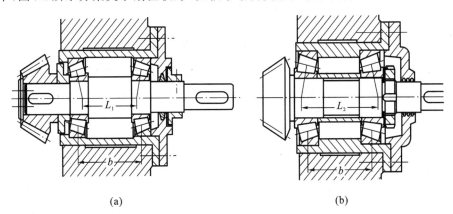

(a)   (b)

图 7-2　锥齿轮轴系结构

(a)锥齿轮轴系支承结构(面对面);(b)锥齿轮轴系支承结构(背对背)

对于蜗杆传动,正确的啮合要求是蜗轮的中间平面通过蜗杆轴线,蜗轮轴系沿轴线方向的位置必须能够进行调整,在组合结构设计时要考虑实现方案。如图 7-3 中用双向推力球轴承或两个角接触球轴承,套杯装在外壳孔中,通过增减套杯端面与外壳之间垫片的厚度来调整蜗杆的轴向位置。

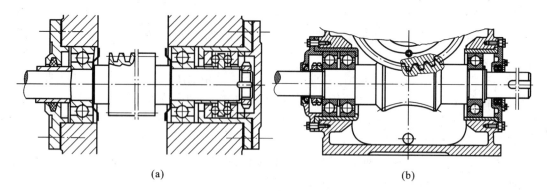

(a)　　　　　　　　　　　　　　　　(b)

图 7-3　蜗杆传动轴系结构

(a)、(b)蜗杆传动轴系支承结构

2)轴承游隙的调整

为保证轴承正常运转,由于工作环境不同,轴承内部要留有适当的间隙,称为轴承游隙。有的轴承(如深沟球轴承、调心滚子轴承)在制造装配时,其游隙已预留在轴承内部,属于固定游隙型。而有的轴承(如圆锥滚子轴承)的游隙则在安装时调整,属于可调游隙型。在实验时要选择合适的调整轴承游隙方案。对于调整轴承的游隙和预紧,如果靠端盖下的垫片来调整,就比较方便;如果靠轴上圆螺母来调整,操作不方便,且在轴上开螺纹削弱了轴的强度。

三、实验设备

1.传动件类

(1)齿轮轴(直齿、斜齿);

(2)斜齿轮(大小齿轮);

(3)锥齿轮(大小锥齿轮);

(4)蜗杆轴、蜗轮。

2.滚动轴承类

(1)深沟球轴承(含一对脂润滑用双面防尘盖深沟球轴承);

(2)圆锥滚子轴承(一对);

(3)单向推力球轴承(一对);

(4)圆柱孔调心球轴承(一对)。

3.轴类

(1)圆锥齿轮用轴;

(2)中间轴。

4.轴承座类

(1)单轴承座;

(2)双轴承座;

(3)装一对单向推力球轴承或一对圆锥滚子轴承构成的双向固定型支承。

5.密封类

(1)毡圈密封(半粗羊毛毡);

(2)旋转轴唇形密封圈。

6.轴承盖类

(1)轴承闷盖;

(2)轴承透盖;

(3)嵌入式轴承闷盖;

(4)嵌入式轴承透盖。

7.轴向固定零件类

(1)轴用弹性挡圈;

(2)螺钉紧固弹性挡圈;

(3)孔用弹性挡圈;

(4)圆螺母及止动垫圈;

(5)轴套。

8.其他

游标卡尺、弹性挡圈钳、扳手及微型螺钉套件。

四、实验内容与实验步骤

(1)了解实验专用轴系结构设计的各种零件用途、结构特点及选用方法。

(2)构思轴系结构方案。

①根据齿轮受力特点选择滚动轴承型号。

②根据轴承组合的轴向固定方式(两端固定或一端固定、另一端游动),选用正装或反装方式。

③根据齿轮的圆周速度确定轴承的润滑方式(采用的润滑剂是润滑油还是润滑脂)及甩油、挡油方式。

④选择轴承端盖结构(凸缘式还是嵌入式),考虑轴承透盖的密封方式(毡圈、碗油封或油沟方式)。

⑤确定轴上零件的定位和固定、轴承间隙及轴系位置的调整方法。

⑥绘制轴系结构方案示意图。

(3)选择零部件,组装成轴系结构,并检查所设计组装的轴系结构是否正确。

(4)绘制轴系结构草图。

(5)测量轴系主要装配尺寸和零件的主要结构尺寸,并作记录。

(6)拆卸,将所有零件拆下放入实验箱中,交还所有工具。

(7)根据草图及测量数据按 1∶1 比例绘制轴系装配图,要求装配关系表达正确,标注必要尺寸(如支承跨距、主要配合尺寸及配合种类、齿轮齿顶圆直径、齿轮宽度等),填写标题栏及明细表。

五、思考题

(1)在所设计装拆的轴系中,轴的各段长度和直径是根据什么来确定的?

(2)轴系轴向位置调整的作用是什么? 在哪些传动场合轴系需要能在轴向作严格调整? 绘制其示意图。

(3)轴承的游隙是如何调整的? 调整方法的特点如何?

(4)轴上零件的定位和固定方法有哪些? 各有何特点?

(5)悬臂锥齿轮轴系组合设计中采用轴承套杯的作用是什么? 套杯内成对安装的圆锥滚子轴承可采用"面对面"或"背对背"的安装方式,比较这两种安装方式。

(6)为了提高轴系的回转精度和运转效率,可采取哪些措施来解决?

实 验 报 告

实验报告一　常用机构的认知实验报告

班级		姓名		学号		日期
指导老师				成绩		

问答题

(1)什么是机械、机器和机构?

(2)机构是由哪些因素组成的?

(3)各种机械中常用的机构有哪些?

实验报告二　机械零件认知的实验报告

班级		姓名		学号		日期	
指导老师				成绩			

问答题

(1)常用的螺纹种类有哪些？螺纹连接有哪几种基本类型？各类型的连接特点(结构特点及应用场合)是什么？螺纹连接的防松措施有哪些？

(2)传动带的截面形式分哪几种？带传动有哪些失效形式？

(3)传动链有哪些类型？链传动的主要失效形式有哪些？

(4)齿轮传动的主要类型有哪些？各有何特点？齿轮的失效形式有哪几种？

(5)轴按形状分类有哪几种？按承受载荷情况来分又有哪几种？

(6)轴承有哪些类型？滚动轴承和滑动轴承有哪些类型？

(7)润滑剂的主要性能指标是什么？工作中常用的润滑剂有几种？

(8)密封分为哪几类？

(9)联轴器与离合器各分为哪几类？各满足哪些基本要求？

(10)螺旋传动有哪些特点？

(11)摩擦轮传动的工作原理是什么？有哪些特点？

(12)蜗杆传动的主要类型有哪些？与齿轮传动相比,有何特点？

实验报告三　机构运动简图测绘实验报告

班级		姓名		学号		日期	
指导老师				成绩			

机构运动简图测绘结果

模型号及机构名称	机构运动简图	机构自由度的计算,运动确定否

模型号及机构名称	机构运动简图	机构自由度的计算,运动确定否

实验报告四 机构动平衡与运动参数测定实验报告

班级		姓名		学号		日期
指导老师				成绩		

1. 实验记录与理论计算曲线比较

机构类型	运动参数	实测曲线	理论曲线	说明
曲柄滑块机构	滑块速度			
	滑块加速度			
曲柄导杆机构	滑块速度			
	滑块加速度			

2.思考题

(1)测试机构运动参数系统的基本硬件组成有哪几大类?

(2)试叙述测试机构运动参数的一般工作程序。

(3)从你的实验结果中,获取到了哪些信息? 你是如何利用所得数据对机构运动特性进行分析的?

实验报告五　渐开线齿廓的范成实验报告

班级		姓名		学号		日期
指导老师				成绩		

1. 齿条刀具及轮坯基本参数

$m=$ 　　$z=$ 　　$\alpha=$ 　　$r=$ 　　$h_a^*=1$ 　　$c^*=0.25$

2. 标准齿轮的绘制

计算参数及几何尺寸	计算公式	结果/mm
项目		
齿数		
基圆半径 r_b		
齿顶圆半径 r_a		
齿根圆半径 r_f		
分度圆齿厚 s		
基圆齿厚 S_b		
齿顶圆齿厚 S_a		

3. 正变位齿轮的描绘

项目	计算公式	结果/mm
计算参数几何尺寸		
不根切的最小变位系数 x		
移距量 x_m		
齿根圆半径 r_f		
齿顶圆半径 r_a		
分度圆齿厚 s		
基圆齿厚 S_b		
齿顶圆齿厚 S_a		

说明:齿顶圆半径按齿全高为 2.25 m 计算:

4.思考题

(1)为什么会发生根切现象？根切现象发生在基圆之内还是基圆之外？怎样避免根切？

(2)齿条刀具的齿顶高和齿根高各等于多少？加工所得的齿形曲线是否是全是渐开线？

(3)在齿形图上是否观察到齿顶变尖的现象？如何避免变尖？

(4)什么称为模数？齿条刀具的模数和压力角如何测定？

5.齿廓图

实验报告六　机构运动方案创新设计实验报告

班级		姓名		学号		日期	
指导老师				成绩			

1.原始机构简图及说明。

2.绘制实际拼装的机构运动方案简图,并在简图中标识实测所得的机构运动学尺寸。简要说明其结构特点、工作原理和可能使用场合。

3. 根据你所拆分的杆组,按不同的顺序排列杆组,可能组合的机构运动方案有哪些? 要求用机构运动简图表示出来,就运动传递情况作方案比较,并简要说明之。

4. 利用不同的杆组进行机构拼接,得到了哪些有创意的机构运动方案? 用机构运动简图示意创新机构运动方案。

5. 机构创新设计与实验总结。

实验报告七 刚性转子动平衡实验报告

班级		姓名		学号		日期	
指导老师				成绩			

一、实验数据记录

序号	实验内容	转速	框架振幅/mm
1	试件测试		
2	在试件右端圆盘(2)上装 4 块平衡块		
3	在补偿盘上配 2 块平衡块		
4	在补偿盘上再配 2 块平衡块		
5	将试件调头,试件测试		
6	在试件右端圆盘(1)上装 4 块平衡块		
7	在补偿盘上配 1 块平衡块		
8	在补偿盘上配 3 块平衡块		

二、思考题

1. 何为动平衡?哪些构件需要进行动平衡?

2. 为什么在补偿盘所加的平衡质量 m'_p 所处位置应与试件待平衡面上不平衡质量 m_p 位置间成 $180°$?

3. 在补偿盘上加平衡质量实现动平衡后,要用手试着转动试件,使补偿盘上的平衡块转到最高位置,取下平衡块安装到试件的平衡面中相对的最高位置槽内,试说明:为什么要这样做?

4. 实验台是如何实现补偿盘与试件面转向相反、转速相等的?

5. 试说明转动手柄可改变补偿盘与试件圆盘之间相对应位置的原理。

实验报告八　机械设计创意及综合设计型实验(单级传动)

班级		姓名		学号		日期	
指导老师				成绩			

一、摩擦传动性能参数测试实验

1.实验目的

2.实验原理

3.实验装置结构简图

4. 实验装置原始数据

   V 带:规格型号_____

   带轮直径:$D_1 =$ _____ mm;$D_2 =$ _____ mm

   电动机:型号_____;额定功率_____ kW,同步转速 $n_d =$ _____ r/min

   转矩转速传感器

   输入端:型号_____;额定转矩_____ N・m,转速范围_____ r/min

   输出端:型号_____;额定转矩_____ N・m,转速范围_____ r/min

   磁粉制动(加载)器:型号_____;额定转矩_____ N・m,允许滑差功率_____ kW

5. 测定 V 带传动效率及滑动率时选择的工况参数

   电动机转速 $n_1 =$ _____ r/min

   加载(负载)范围:_____~_____ kW

   实验数据采集方式:_____采样

6. 实验步骤

7. 实验结果分析

　(1)V 带传动实验结果分析(将实验曲线打印结果附于下面)。

　(2)通过实验,观察、描述带传动的弹性滑动及打滑现象。

8. 思考题

(1)影响带传动的弹性滑动与传动能力的因素有哪些？对传动有何影响？

(2)带传动的弹性滑动现象与打滑有何区别？它们产生的原因是什么？当 $D_1 = D_2$ 时，打滑发生在哪个带轮上并试分析之。

二、啮合传动性能参数测试实验

1. 实验目的

2. 实验原理

3. 实验装置结构简图

4. 实验装置原始数据

　　齿轮减速器：类型_____；齿数 $z_1=$ _____、$z_2=$ _____；

　　　　　　　　减速比_____；中心距 $a=$ _____ mm

　　蜗杆减速器：蜗杆类型_____；蜗杆头数 $z_1=$ _____、蜗轮齿数 $z_2=$ _____；

　　　　　　　　减速比_____；中心距 $a=$ _____ mm

　　链传动：链号_____；链节距 $p=$ _____、链轮齿数 $z_1=$ _____、$z_2=$ _____；

　　　　　　中心距 $a=$ _____ mm

5. 测定啮合传动效率时选择的工况参数

　(1)齿轮传动实验。

　　　电动机转速 $n_1 =$＿＿＿＿＿＿ r/min

　　　加载(负载)范围：＿＿＿＿＿＿～＿＿＿＿＿＿ kW

　　　实验数据采集方式：＿＿＿＿＿采样

　(2)蜗杆传动实验。

　　　电动机转速 $n_1 =$＿＿＿＿＿＿ r/min

　　　加载(负载)范围：＿＿＿＿＿＿～＿＿＿＿＿＿ kW

　　　实验数据采集方式：＿＿＿＿＿采样

　(3)链传动实验。

　　　电动机转速 $n_1 =$＿＿＿＿＿＿ r/min

　　　加载(负载)范围：＿＿＿＿＿＿～＿＿＿＿＿＿ kW

　　　实验数据采集方式：＿＿＿＿＿采样

6. 实验步骤

7. 实验结果分析

　(1)齿轮传动实验结果分析(将实验曲线打印结果附于下面)。

（2）蜗杆传动实验结果分析（将实验曲线打印结果附于下面）。

（3）链传动实验结果分析（将实验曲线打印结果附于下面）。

（4）通过实验，观察、描述链传动的运动特性。

8.思考题

(1)啮合传动装置的效率与哪些因素有关？为什么？

(2)啮合传动中各种传动类型有什么特点？其应用范围如何？

(3)通过实验,比较带传动与链传动的主要特点及应用范围。

(4)通过实验,讨论摩擦传动与啮合传动的主要特性。

实验报告九　机械设计创意及综合设计型实验报告（多级传动）

班级	姓名	学号	成绩

1. 实验目的

2. 实验原理

3. 自主设计的实验装置的系统图

4.实验所需的仪器与设备

5.自主设计及组装的实验装置结构图

6.实验操作规程与步骤

7.实验测试时选择的工况参数及实验装置原始数据

8.实验结果分析(打印结果贴上)

9.思考题

(1)实验装置组装时各模块间是如何连接的?它们相对几何位置如何?

(2)实验装置采用的是什么类型的机械传动?其特点如何?

(3)实验装置是如何加载的？有何特点？

(4)实验装置中使用了哪些测试仪器？这些仪器的工作原理和特点如何？

(5)通过这些实验装置测得的传动效率值的含义是什么？

(6)通过实验,讨论:影响多级机械传动系统效率的因素有哪些？当机械传动系统确定时,系统的效率是常数还是变数？说明理由。

实验报告十　机械设计性能创意及综合设计实验报告(研究创新型)

1.实验目的

2.实验原理

3.实验装置的系统结构图

4.实验使用的仪器和设备

5.实验装置的结构图

6.实验测试时选择的工况参数和实验装置的原始数据

7.实验操作规程和步骤

8.实验结果分析(贴上打印结果及数据)

9.思考题

(1)通过实验结果,分析研究实验过程中负载、转速、传动比、润滑、油温、张紧力等对机械传动性能的影响。

(2)在多级机械传动系统方案的选择时,应考虑哪些问题? 一般情况下应采用哪种方案?

(3)通常情况下,在有带传动、链传动、齿轮传动组成的多级机械传动中,带传动、链传动、齿轮传动在传动系统中应如何布置? 为什么?

10. 撰写实验研究论文

实验报告十一　滑动轴承实验报告

班级		姓名		学号		日期	
指导老师				成绩			

1. 实验目的

2. 实验原理

3. 实验装置结构简图

4. 实验步骤

5. 实验装置原始数据

　　轴颈直径 $d=$ _____ mm;

　　轴承有效宽度 $B=$ _____ mm;

　　轴承相对间隙 $\psi=$ _____;

　　驱动电动机类型 _____;功率 _____ kW,额定转速 $n_d=$ _____ r/min;

　　压力变送器类型 _____;量程 _____ MPa;

　　测力杆力臂长度 $L=$ _____ mm;

　　拉力传感器类型 _____,量程 _____ kg;

　　实验油品 _____。

6. 测定油膜压力分布时选择的工况参数。

　　轴颈转速 $n=$ _____ r/min;

　　静压加载油腔油压 $p_0=$ _____ MPa;

　　轴承循环润滑系统油压 $p_L=$ _____ MPa。

7. 实验数据记录

(1)润滑油工作温度 $t=$ _____ ℃。

(2)测得轴瓦圆周上均布的 1～7 点的周向油膜压值。

p_1		MPa
p_2		MPa
p_3		MPa
p_4		MPa
p_5		MPa
p_6		MPa
p_7		MPa

(3)测得第 8 点的轴瓦上轴向油膜压力 $p_8=$ _____ MPa。

8. 根据测得的 p_1、p_2、p_3、p_4、p_5、p_6、p_7、p_8，绘制油膜压力分布曲线,完成下列要求

(1)绘制周向油膜压力分布曲线。

　　按一定的比例在附图中从圆周上开始沿径向延长线方向截取第 7 题表中的油膜压力值,得点 $1'$～$7'$,将各点连成一光滑曲线,即为油膜压力分布曲线。

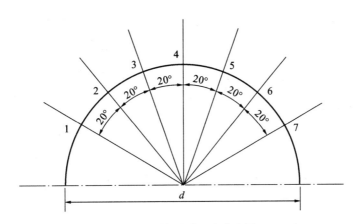

附图 1　周向油膜压力分布图

(2)绘制轴向油膜压力分布曲线。

　　根据位置 4 和位置 8 处的油膜压力大小按一定比例在附图 2 上相应位置上描点,得 $4'$、$8'$ 点,并将点 0、$4'$、$8'$、0 连成一光滑曲线,即为轴向油膜压力分布曲线。

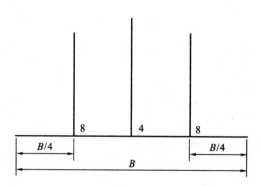

附图 2　轴向油膜压力分布图

9.求动压滑动轴承端泄影响系数 K

(1)根据实测的周向油膜压力分布图,在方格纸上绘制其承载量分布曲线。按数方格数的方法,求出油膜平均压力 p_m。

（方格纸粘贴位置）

(2)按端泄影响系数计算公式 $K=\dfrac{F}{p_{\mathrm{m}}Bd}$ (式中,$B=6$ cm;$d=9.81(p_0A+G_0)$N,其中 $G_0=$ 7.5 kg·f,$A=60$ cm^2,p_0 为油腔供油压力(kgf/cm^2)),计算 K 值。

10.思考题

(1)哪些因素影响液体动压润滑滑动轴承的承载能力及其动压油膜的形成?

(2)当载荷增加或转速升高时,油膜压力分布曲线有些什么变化?

(3)轴向压力分布曲线与轴承宽径比 B/d 之间有什么关系? 在 $B/d \geqslant 4$ 及 $B/d < 4$ 两种情况下,它们的轴向油膜压力分布有什么不一样? 在求解流体动力润滑滑动轴承的雷诺方程简化方程时又有什么不同?

实验报告十二 滑动轴承摩擦状态实验报告(综合设计型)

班级		姓名		学号		日期	
指导老师				成绩			

1. 实验目的

2. 实验原理

3. 实验步骤

4.记录实验数据

$n/(\text{r/min})$	p_0/MPa		
	F_C	f	λ
600			
500			
400			
300			
200			
100			
50			
20			
10			
5			

5.根据实测结果,在方格纸上绘制滑动轴承的 f-λ 曲线后贴于下面

6.思考题

（1）f-n 曲线与 f-λ 曲线有何不同？

（2）根据实验阐述：滑动轴承摩擦状态是如何转化的？摩擦因数的变化规律怎样？不同的摩擦状态下摩擦因数大概的变动范围怎么样？

(3)润滑油温度对润滑油性能有何影响？绘制黏-温曲线。

(4)如果实验用润滑油为 L-AN32,试根据黏-温特性曲线,导出 $\nu=10^{10^{A+B\lg T}}-0.6$ 方程中的 A 和 B 的值,并计算出 $t=40\ ℃$ 时润滑油的动力黏度 η 值(Pa·s)。

实验报告十三　　多参数耦合下滑动轴承性能特性研究实验报告(研究创新型)

班级		姓名		学号		日期	
指导老师				成绩			

1.实验目的

2.实验原理

3.实验步骤

4. 记录实验数据

$n/(r/min)$	第一次加载 $p_0 = 0.08$ MPa		第二次加载 $p_0 = 0.10$ MPa		第三次加载 $p_0 = 0.12$ MPa	
	f	λ	f	λ	f	λ
600						
500						
400						
300						
200						
100						
50						
20						
10						
5						

5. 根据实测结果,在方格纸上绘制滑动轴承的 p-f-λ 曲线后贴于下面

6. 思考题

(1) p-f-λ 曲线与 f-λ 曲线有何不同? 改变载荷重复实验时, f-λ 曲线有无变化?

(2) 随滑动轴承平均压力 p 的增加, 在边界摩擦区、混合摩擦区及液体摩擦区的摩擦因数是如何变化的?

7. 撰写实验研究论文

实验报告十四 减速器拆装实验报告

班级		姓名		学号		日期	
指导老师				成绩			

1.减速器参数

名称： 型号：

测量项目	符号	尺寸/mm
中心距	a_1	
	a_2	
中心高	H	
箱座壁厚	δ	
箱座筋厚	m	
箱盖壁厚	δ_1	
箱盖筋厚	m_1	
箱座上凸缘厚度	b	
箱盖上凸缘厚度	b_1	
箱底座凸缘厚度	b_2	
地脚螺钉 d_f 轴承旁连接螺栓 d_1 盖与座连接螺栓 d_2 与箱壁距离	C_1	
至凸缘边缘距离	C_1	
大齿轮齿项圆与内箱壁距离	Δ_1	
齿轮端面与内箱壁距离	Δ_2	
地脚螺钉直径	d_f	
地脚螺钉数目	n	
轴承旁连接螺栓直径	d_1	
盖与座连接螺栓直径	d_2	
轴承端盖螺钉直径	d_3	
窥视孔盖螺钉直径	d_4	
起盖螺钉	d_5	
吊环螺钉直径	d_6	
定位销直径	d	
连接螺栓的间距	I	
轴承旁连接螺栓距离	S	

2.绘制高速轴与轴承部件的结构草图

3.思考题

(1)指定一轴为例,说明轴上零件的周向固定和轴向定位方法。

(2)试述滚动轴承的轴向固定方式。

(3)简述减速器齿轮和轴承润滑及密封方式。

(4)试述轴承游隙的调整方式。

(5)试述轴系轴向位置的调整方式。

实验报告十五 轴系结构设计实验报告

班级		姓名		学号		日期	
指导老师				成绩			

1.实验目的

2.轴系结构方案示意图

3.轴系结构装配图

4.思考题

(1)在你所设计装拆的轴系中,轴的各段长度和直径是根据什么来确定的?

(2)轴系轴向位置调整的作用是什么? 在哪些传动场合轴系需要在轴向作严格调整? 绘制其
　　示意图。

(3)轴上零件的定位和固定方法有哪些? 各有何特点?

(4)悬臂锥齿轮轴系组合设计中采用轴承套杯的作用是什么？套杯内成对安装的圆锥滚子轴承可采用"面对面"或"背对背"的安装方式,比较这两种安装方式的优点和缺点。

(5)提高轴系的回转精度和运转效率,可采取哪些措施来解决？

(6)轴承端盖是如何选择的？密封方式如何？

参 考 文 献

[1] 陆天炜,吴鹿鸣.机械设计实验教程[M].成都:西南交通大学出版社,2007.

[2] 孔建益,熊禾根.机械原理与机械设计实验教程[M].武汉:华中科技大学出版社,2008.

[3] 杨昂岳,毛笠泓,夏宏玉.实用机械原理与机械设计实验技术[M].长沙:国防科技大学出版社,2009.

[4] 沙玲,陆宁.机械设计基础实验指导[M].北京:清华大学出版社,2009.

[5] 唐增宝,常建娥.机械设计课程设计[M].3版.武汉:华中科技大学出版社,2006.

[6] 卢存光,谢进,罗亚林.机械原理实验教程[M].成都:西南交通大学出版社,2007.

[7] 濮良贵,纪名刚.机械设计[M].8版.北京:高等教育出版社,2006.